AF849860

ALTE HÄUSER

UMBAUEN
RENOVIEREN
ERWEITERN

THOMAS DREXEL

PRESTEL
München • London • New York

Inhalt

Viel Atmosphäre, neuer Wohnwert

Umbauen statt Abreißen ist das Gebot der Stunde. Nicht nur, weil die oft gedankenlose Zerstörung von Baubestand gerade bei ortsbildprägenden Gebäuden und Denkmälern wertvolles Kulturgut vernichtet, sondern auch aus Gründen der Nachhaltigkeit. Je mehr erhalten wird, desto geringer ist der CO_2-Ausstoß für den Abriss, die Entsorgung, die Herstellung neuer Baumaterialien, und es fällt weniger graue Energie auf der Baustelle an. Und nicht selten kommt bei überlegter Planung die Renovierung auch noch günstiger als Abriss und Neubau.

Spannende Beispiele aus der Praxis

Dieses Buch zeigt anhand zahlreicher sehr unterschiedlicher Beispiele, wie Bauwerkserhalt, Renovierung und Umbau von Wohnhäusern aufs Beste gelingen können. Darunter sind frei stehende Einfamilienhäuser und Bungalows ebenso wie Reihen- und Doppelhäuser, Bauernhöfe und einige vorbildhafte Umnutzungen. Geografisch sind die Beispiele auf viele verschiedene Regionen in Deutschland, Österreich und der Schweiz verteilt, daneben stehen herausragende Projekte aus anderen Ländern, etwa Italien, dem Vereinigten Königreich und Mexiko.

Bauwerkserhalt als Akt der Nachhaltigkeit

Der Bausektor trägt mit seinem gigantischen Schadstoffausstoß und CO_2-Verbrauch wesentlich zur Umweltverschmutzung und zur Klimaerwärmung bei. Während die Umwelt durch den Neubau (und oft vorhergehenden Abriss) von Gebäuden unverhältnismäßig stark belastet wird, bietet die bewahrende Sanierung entscheidende Vorteile. Sie zieht nur einen Bruchteil des Ressourcenverbrauchs und CO_2-Ausstoßes nach sich und schenkt stattdessen bestehenden Bauten mit guter Bauqualität viele weitere Jahre. Bei den in diesem Buch vorgestellten Beispielen bestand das Ziel darin, möglichst viel Substanz zu bewahren und überwiegend dort einzugreifen, wo auf nachhaltige, bauphysikalisch und ökologisch richtige Weise die technische und energetische Qualität erhöht werden konnte. Oft war das Bestreben auch, im oder am Haus und in der Region vorgefundene historische Materialien aus Wiederverwendung zu nutzen. Dies dient dem Gedanken der Nachhaltigkeit ebenso wie dem Ziel der historischen Authentizität. Die Bewahrung und Sanierung bestehender Bauten vermeidet nicht nur unnötigen CO_2-Ausstoß, sondern spart auch graue Energie im Bereich der Produktion, des Transports und auf der Baustelle selbst und dient der Vermeidung von Schadstoffemissionen. Letzteres nicht zuletzt dadurch, dass die optimale Sanierung mit traditionellen, bauphysika-

OBEN Mustergültig saniertes kleines Haus mit großem Bauerngarten (Restauratorin Maria Cetinbas, Ingenieur Norbert Bergmann, Innenarchitektin Elke Wendrich)

OBEN Varianten historischer Bauweisen in saniertem Zustand – Fachwerk, Ziegelmassivbau und Blockbohlenwand (links: Spooren Architekten; Mitte: Architektin Gabriele Riesner; rechts: Engelbrecht Architekten)

lisch angepassten, diffusionsoffenen und wohngesunden Materialien und Baustoffen wie Holz, Stein, Lehm, Stroh, Kalkputzen und Kalk-Kasein- bzw. Silikatfarben erfolgt. Als Dämmstoffe werden häufig solche aus nachwachsenden Rohstoffen wie Holzweichfaser, Flachs oder Hanf eingesetzt.

Renovierung und Atmosphäre

Viele Sanierungs-Bauherren und Eigentümer alter Häuser sprechen von der einzigartigen Atmosphäre, die sie beim Wohnen verspüren und die durch den Erhalt historischer Elemente visuell erfahrbar wird. Schon deswegen, aber natürlich auch mit Rücksicht auf die Bewahrung des baulichen Erbes als gemeinsamem Schatz der gesamten Gesellschaft verbieten sich bei historisch wertvollen Gebäuden Eingriffe, die den Bestand überformen und die Substanz zerstören. Hier ist es wichtig, aussagekräftige, bewahrenswerte Elemente wieder herauszuarbeiten. Bauliche Probleme haben ihre Ursachen meist in der Vernachlässigung des Bauunterhalts oder in unsachgemäßen Veränderungen jüngerer Zeit. In aller Regel ist die Substanz grundsätzlich intakt oder lässt sich wieder instand setzen. Ausschlaggebend für den Erhalt eines Bauteils sollte weniger dessen kunsthistorische Hochwertigkeit, sondern die Bedeutung für die Atmosphäre des Gebäudes insgesamt sein. Bei länger vernachlässigten oder unbewohnten Gebäuden sind oft eine Sanierung der Tragstruktur sowie der Austausch von Teilen zur statischen Ertüchtigung notwendig. So müssen beispielsweise Sparren angestückt oder Mauerwerksteile stabilisiert werden.

Neuere Häuser als besondere Aufgabe

Neben ortsbildprägenden Altbauten müssen zunehmend auch in den letzten Jahrzehnten entstandene Einfamilien-, Reihen- oder Doppelhäuser renoviert oder erweitert werden, wie in vielen Projekten dieses Buches zu sehen (S. 96, 160 und 166). Handlungsbedarf entsteht hier meist aufgrund eines unbefriedigenden Innenraumerlebnisses mit nicht mehr zeitgemäßem Grundriss, um Raum zum Wohnen oder Arbeiten zu gewinnen, sowie für eine energetische Sanierung. Eine zusätzliche Dämmung kann bei solchen Gebäuden entfallen, wenn die Gebäudehülle noch den aktuellen Anforderungen entspricht. Bei Häusern aus jüngerer Zeit spielt die Behebung bautechnischer Probleme meist eine kleinere Rolle, wichtiger ist die Umgestaltung entsprechend den aktuellen Ansprüchen der Bewohnerschaft.

Mehr Wohnraum, mehr Wohnqualität

Ist der Raum zu knapp – etwa wenn die Kinder eigene Zimmer benötigen, Platz für ein Home-Office fehlt oder ein Fitness- oder Saunabereich gewünscht wird –, stehen verschiedene Möglichkeiten zur Wahl. Es können grundsätzlich un- oder teilausgebaute

LINKS Die neue Erweiterung setzt sich klar vom Bestand ab, wirkt mit ihm aber dennoch harmonisch zusammen. (architekten filutowski schmuck)

RECHTE SEITE Außergewöhnliche Lösung für Umnutzung und Upcycling: Die Gondel (das Maschinenhaus) einer ausgemusterten Windkraftanlage wurde zum Tiny Home umfunktioniert. (Blade-Made/Superuse)

Dachräume herangezogen, ein Anbau angefügt oder auch eine frei stehende Erweiterung geschaffen werden, sofern das Grundstück groß genug ist und zusätzlich bebaut werden darf (S. 122). Insbesondere bei Anbauten ist auch zu entscheiden, ob sich der neue Bauteil gestalterisch an den Bestand anlehnen oder sich formal von diesem abgrenzen soll, damit Alt und Neu deutlich unterscheidbar sind. Dies wird oft dadurch gelöst, dass Gelenk- oder Zwischenbauten eingefügt werden, die beiden Baukörpern ihre Eigenständigkeit lassen und doch ein harmonisches Ganzes schaffen (S. 90).

Nicht immer jedoch ist mehr Wohnraum gefragt, manchmal geht es vorrangig um die Aufwertung der Wohnqualität. Viele Altbauten sind mit abgetrennten Zimmern kleinteilig strukturiert und wirken dadurch eher beengt. In diesen Fällen ist das Ziel, durch das Entfernen überflüssiger Innenwände eine neue Durchgängigkeit und einen offenen Raumeindruck zu erzielen. Ferner besteht häufig der Wunsch, die Innenraumgestaltung zu optimieren. Mehrere Projekte zeigen, wie sich Räume ohne allzu große Eingriffe eindrucksvoll verbessern und an die heutigen Wohnansprüche anpassen lassen (S. 96 und 154).

Umnutzungen als spannende Alternative

Neben dem Umbau von Wohnhäusern gibt es reizvolle Möglichkeiten, vorher gewerblich genutzte Gebäude zum Wohnen zu nutzen. Die Herausforderung liegt hier darin, dass der Genehmigungsprozess oft schwierig ist, nahezu alle technischen Einrichtungen neu zu schaffen und die Dämmmaßnahmen meist aufwendig sind. Dafür gewinnt man eine unvergleichliche Atmosphäre. In diesem Buch wird etwa eine Gewerbehalle zur traumhaften Loftwohnung (S. 48), ein ehemaliger Stall zum Tiny House für einen Single (S. 76), eine aufgegebene Fachwerkscheune zum außergewöhnlich gestalteten Familienheim (S. 82) und sogar eine Kirche zum beeindruckenden Wohnhaus (S. 132).

Der richtige Partner

Die Sanierung von Altbauten ist grundsätzlich eine Bauaufgabe, die nicht jeder Planer auf hohem Niveau leisten kann. Ideal ist es, wenn eine Architektin oder ein Architekt bereits Erfahrung mit der Sanierung von Bestandsgebäuden gesammelt und ihr Fachwissen unter Beweis gestellt hat. Eine gute Kontaktmöglichkeit bieten die Adressen der Planungsbüros im Anhang.

Um Spezialisten für ortsbildprägende Altbauten zu finden, empfehlen sich etwa die Denkmalpreise der deutschen und österreichischen Bundesländer, der Schweizer Kantone, regionaler und kommunaler Träger, von Denkmalstiftungen etc., in deren Veröffentlichungen meist auch die beteiligten Planer genannt sind. Möglich ist auch eine Anfrage bei der zuständigen Baubehörde, die zwar keine namentliche Empfehlung aussprechen darf, aber in manchen Fällen Listen von Sanierungsarchitekten bereithält. Oder man klingelt bei gut sanierten Häusern in der Nachbarschaft und erfragt den beauftragten Planer. Wichtig ist ein in Renovierungs- und Umbauangelegenheiten erfahrener Architekt nicht nur bei den Gesprächen mit den Baubehörden, sondern auch bei der Auswahl der Handwerker, da er weiß, welche Betriebe die für die Sanierung erforderliche Fachkenntnis besitzen.

Bestandsprüfung und Ableitung von Maßnahmen

Am besten schon vor dem Erwerb sollte der Bestand von einem Fachmann, bevorzugt einem sanierungserfahrenen Architekten, gewissenhaft untersucht werden. Schadhafte Putzpartien oder kleinere Fehlstellen im Mauerwerk fallen zwar ins Auge, sind aber bei der Sanierung meist unproblematisch zu beheben. Wichtiger sind Aufschlüsse über die Beschaffenheit der Grundmauern bzw. des Kellermauerwerks, gegebenenfalls vorhandene aufsteigende Feuchtigkeit, die Beschaffenheit des Erdgeschossbodens und die Tragfähigkeit des Mauerwerks bzw. der Holzkonstruktion inklusive des Dachstuhls. Charakteristische Schwachstellen bei sehr alten Häusern sind oft Schwellen, Sparren- und Balkenköpfe, die angestückt oder ersetzt werden müssen, sowie allgemein die Folgen eingedrungener Feuchtigkeit, insbesondere infolge von Undichtigkeiten im Dachbereich. Die vorliegenden Schädigungen sollten genau dokumentiert und im Sanierungskonzept hinsichtlich der zu treffenden Maßnahmen und auch der zu erwartenden Kosten festgehalten werden. In schwierigen Fällen, also wenn Pläne fehlen oder starke Veränderungen der Tragstruktur festgestellt werden, ist eine komplette Neuvermessung bzw. ein verformungsgerechtes Aufmaß zu erstellen.

Für die Sanierung gilt die Regel, zunächst den Dachbereich zu sichern und gegebenenfalls zu reparieren, damit keine weiteren Feuchteschäden entstehen können. Statisch relevante Risse im Mauerwerk müssen durch Zementinjektionen verfüllt werden. Aufsteigender Feuchtigkeit wird heute ebenfalls durch chemisch-physikalische Methoden entgegengewirkt, das Eintreiben von trennenden Schichten aus Edelstahlblechen oder Ähnlichem wird nur selten angewandt. Da viele unsanierte Häuser keine Abdichtung und Dämmung zum Erdreich hin aufweisen, wird in der Regel eine gedämmte Bodenplatte aus Stahlbeton eingebracht. Vorhandene intakte historische Beläge sollten ausgebaut und im Anschluss wieder verlegt werden. Bei starkem Befall durch den Holzbock, vor allem aber durch den Hausschwamm, und wenn die Behebung nur unter Einsatz von Wohngiften möglich ist, ist größte Vorsicht geboten, und es sollte gegebenenfalls auf den Erwerb des Gebäudes verzichtet werden. In jedem Fall ist das frühzeitige Hinzuziehen einer Fachberatung erforderlich.

Sind wertvolle Ausstattungselemente vorhanden, ist insbesondere bei denkmalgeschützten Anwesen in der Regel eine genaue Dokumentation und Befunduntersuchung anzufertigen, die meistens ausgebildete Restauratoren oder Kirchenmaler vornehmen. Eine Besonderheit ist die sogenannte dendrochronologische Untersuchung von Holzbauteilen, durch die deren Alter und damit meist auch das Erbauungsjahr des Gebäudes zuverlässig bestimmbar ist.

Kosten und Finanzen

Grundsätzlich sind Sanierung bzw. Renovierung und Umbau meist nicht teurer, bei gutem Bauzustand teils sogar deutlich günstiger als ein gleich großer Neubau. Welche genauen Kosten bei einer Sanierung oder einem Umbau entstehen, ist aber abhängig vom baulichen Zustand und dem sich daraus ergebenden Sanierungsbedarf, der Fläche und dem Volumen der zu sanierenden bzw. umzubauenden Gebäudeteile, dem angestrebten Ausbaustandard und zunehmend auch der Preisgestaltung von Handwerksbetrieben. Nach der Aufstellung des Sanierungskonzepts und der umzusetzenden Maßnahmen sollte der beauftragte Planer zu einem möglichst frühen Zeitpunkt, also deutlich vor Einreichung der Genehmigungsunterlagen, eine Kostenschätzung vorlegen. Diese wird meist auch für die Finanzierung benötigt. Mit Fortschreiten des Planungs- und Bauprozesses muss die Kostenermittlung angepasst und genauer justiert werden. Dabei sind auch gegebenenfalls im Verlauf der Maßnahmen entdeckte Befunde und daraus resultierender zusätzlicher Sanierungsbedarf zu berücksichtigen. Im Hinblick auf projektbezogene oder marktbedingte Kostensteigerungen sollten die Bauherren einen großzügigen finanziellen Sicherheitsbehalt einplanen, um teure Nachfinanzierungen zu vermeiden. Maßnahmen sollten immer so bemessen werden, dass sie das Notwendige abdecken. Teils besteht die Möglichkeit, Gebäudeteile erst in einem zweiten oder dritten Schritt zu sanieren und auszubauen, wenn der erste Bauabschnitt auch kostenmäßig abgeschlossen ist.

Welche Art der Finanzierung gewählt wird, müssen die Bauherren nach ihren Möglichkeiten und Voraussetzungen entscheiden. Beim Ratenkredit ist immer auf einen möglichst hohen Eigenkapitalanteil, einen günstigen Zinssatz, eine Tilgung von mindestens 2 %, besser 3 % pro Jahr sowie günstige Sondertilgungsmöglichkeiten und geringe Abschlusskosten zu achten. Willkommene Hilfe zur Aufstockung der Finanzmittel bieten vorhandene Förderprogramme, die sich je nach Staat, Bundesland/Kanton, Region und Kommune unterscheiden und deren Voraussetzungen auch häufig wechseln. Verfügbar sind Zuschüsse oder andere Förderungen, beispielsweise zinsverbilligte Kredite (teils mit günstigen Tilgungskonditionen), für denkmalgerechte Sanierungsmaßnahmen, Umbaumaßnahmen im Bestand allgemein, für altersgerechtes Umbauen, für energetische Sanierungen und anderes mehr. Hier sollten sich die Bauherren zusammen mit ihrem Planer frühzeitig eingehend über die für ihren individuellen Fall bestehenden Angebote informieren.

Zu beachten ist, dass Förderungen möglichst zeitnah beantragt werden sollten, bevor die Fördertöpfe erschöpft sind. In Deutschland besteht zudem die Möglichkeit, Aufwendungen für Denkmalsanierungen steuerlich geltend zu machen. Diesbezüglich empfiehlt sich vor dem Erwerb ein Gespräch mit einem Steuerberater.

Baugenehmigung und Denkmalschutz

Es ist generell unbedingt ratsam, schon vor Beginn der Planung das Gespräch mit den zuständigen Bau- und gegebenenfalls auch Denkmalbehörden zu suchen. Bei denkmalgeschützten Objekten bestehen besondere Voraussetzungen hinsichtlich der Genehmigungsfähigkeit von Maßnahmen, die über das übliche Maß hinausgehen. Auch insofern ist es wichtig, dass die Behörden den guten Willen und das Engagement der Bauherrschaft frühzeitig erkennen. Dann wird die Zusammenarbeit mit Baubehörde und Denkmalschutz in aller Regel harmonisch ablaufen, während Bauherren, die erkennbar nicht an einem Erhalt der Bausubstanz interessiert sind, zurecht mit wenig Entgegenkommen rechnen dürfen. Die Zusammenarbeit mit dem Denkmalschutz sollte durchaus als eine Chance für die Beratung und Inanspruchnahme von Fachwissen genutzt werden. Ansprechpartner für Belange des Denkmalschutzes sind neben den zuständigen Stellen in den Bauämtern in Deutschland die Gebietsbeauftragten der Landesdenkmalämter, in Österreich die Landeskonservatorate des Bundesdenkmalamts und in der Schweiz die kantonalen Fachstellen.

Sollen Förderungen beantragt werden, ist stets die Zustimmung der Baugenehmigungs- bzw. Denkmalstellen oder der sonstigen genehmigenden Institutionen wie der Kreditanstalt für Wiederaufbau (KfW) zwingend Voraussetzung. Nur wenn die zuständige Stelle einem vorzeitigen Baubeginn ausdrücklich schriftlich zugestimmt hat, darf vor dem Eintreffen des endgültigen Bewilligungsbescheids mit der jeweiligen Maßnahme begonnen werden.

Zeitgemäß wohnen in Altbauten

In Bestandsgebäuden lässt sich das gleiche Wohn- und Komfortniveau realisieren wie in einem Neubau. Ein Aspekt hierbei ist die energetische Sanierung, die bei historischen Bauten mit besonderem Augenmaß und mit Fachkenntnis erfolgen sollte. Unsachgemäßes Einbringen von Dämmung und feuchtigkeitssperrenden Schichten kann zu Bauschäden führen, die vorher gar nicht vorhanden waren. Dämmstoffe aus nachwachsenden Rohstoffen gewährleisten zusammen mit einem insgesamt diffusionsoffenen Wandaufbau

OBEN Stimmungsvoller Dachausbau mit sichtbarer Balkenlage und erhaltenen sowie restaurierten Putz- und Farbelementen an den Wänden (Restauratorin Maria Cetinbas)

nicht nur den bestmöglichen Feuchtigkeitsaustausch, sondern besitzen auch eine deutlich längere Wärmedurchgangszeit als konventionelle Produkte und leisten somit einen wichtigen Beitrag zum sommerlichen Wärmeschutz. Eingesetzt werden können beispielsweise Einblasprodukte, Platten oder Matten aus Holzweichfasern, aber auch Hanf oder Flachs. Insbesondere an unverputzten Sichtziegel- oder Fachwerkbauten bietet sich eine Innendämmung an, etwa aus Lehmbaustoffen, Holzweichfaser- oder Kalzium-Silikatplatten. Wandheizungen oder Fußheizleistensysteme tragen dazu bei, Außenwände trocken zu halten und sorgen für ein angenehmes Raumklima. Eine gute Alternative können Deckenheizungen sein, die es heute als sehr unauffällige und in der Wärmeverteilung angenehme Systeme gibt. Zentralheizungen werden im Zug der Sanierung meist erneuert, sofern sie nicht mehr den Anforderungen entsprechen. Empfehlenswert sind hier (teurere) Erdwärmepumpen oder Luftwärmepumpen, die ein gutes Preis-Leistungs-Verhältnis haben und mittlerweile einen recht effizienten Wirkungsgrad erreichen. Solarkollektoren und wasserführende Holzscheitöfen bieten sich zur Heizungsunterstützung und Warmwasserbereitung an. Wenn auf Denkmälern keine Solarkollektoren installiert werden dürfen, können hierfür auch Nebengebäude herangezogen werden. Eine Alternative sind Grundöfen, die in der Regel nur einmal am Tag mit Scheitholz befüllt werden müssen und ihre Wärme über einen längeren Zeitraum abgeben. Da sie etwas träge reagieren, ist die Installation zusätzlicher Kaminöfen empfehlenswert.

Energetische Maßnahmen müssen beim Altbau immer mit Augenmaß erfolgen. So reicht es zur Herstellung eines angenehmen Raumklimas bei ausreichenden Außenwandstärken meist völlig aus, bestehende Fenster zu Kastenfenstern aufzudoppeln und das Dach bzw. bei nicht ausgebautem Dachbereich die Decken über den Wohngeschossen zu dämmen. Bei Denkmälern bestehen diesbezüglich meist Ausnahmeregelungen von den ansonsten geltenden Vorschriften.

Materialien der Wahl

Bei der Altbausanierung geht es nicht zuletzt darum, die ursprünglich vorhandenen, bauphysikalisch gut angepassten Materialien einzusetzen. Ungeeignet sind die im Baustoffhandel dominierenden Kunststoffputze und -farben, konventionelle Dämmmaterialien wie Styropor und feuchtigkeitssperrende Folien. Stattdessen sollten traditionelle Baustoffe wie reine Kalk- oder Sumpfkalk- bzw. Lehmputze, Kalkmörtel, Kalk-Kasein- oder Silikatfarben ohne Kunststoffanteil zur Anwendung kommen. Zementputze sollten in der Sanierung höchstens im Bereich des Keller- oder Sockelmauerwerks eingesetzt werden. Alle oben genannten Materialien sind langlebig, verbinden sich bei richtiger Anwendung optimal mit dem Untergrund und sind vor allem hochdiffusionsoffen. Der so gewährleistete Austausch der Luftfeuchtigkeit erzeugt nicht nur ein sehr angenehmes Raumklima, sondern verhindert auch die Bildung von Schimmel und Bauschäden. Werden Putze eingefärbt, kann ein separater Anstrich entfallen. Silikatfarben der Firma Keim, die auch für internationale Groß-Sanierungsprojekte eingesetzt werden, sind aufgrund ihrer sehr guten bauphysikalischen Eigenschaften, ihrer Farbtreue, Widerstandsfähigkeit gegen Flechten- und Algenbefall sowie ihrer Langlebigkeit besonders zu empfehlen. Hochwertige Kalkfarben, die aufgrund ihres deutlich alkalischen pH-Werts dem Schimmelbefall vorbeugen, sind eine gute Alternative. Auch Holzfarben müssen hochdiffusionsoffen sein, um irreparable Schädigungen der Holzteile infolge Durchfeuchtung zu vermeiden.

OBEN Bäuerliche Wirtschaftsgebäude bieten nach Umbau und Sanierung mit ihren historischen Elementen eine einzigartige Atmosphäre. Der neu errichtete Kamin unterteilt den Raum. (Spooren Architekten)

Die äußere Gestalt und ihre Anpassung

Genau genommen ist die Herangehensweise bei der Sanierung historischer Altbauten zunächst recht einfach. Denn der ursprüngliche Zustand, insbesondere der Außenwände und Fassaden, liefert eine perfekte Vorlage für deren Wiederherstellung. Meist lassen sich dazu alte Fotografien oder Pläne heranziehen, die im Haus vorhanden oder in Bauarchiven zu finden sind. Ansonsten können Gebäude ähnlicher Zeitstellung im Ort oder in der Region als Vorbild dienen. Bei starken Veränderungen des Erscheinungsbilds ist im Weiteren zu klären, welche bauliche Epoche wieder hergestellt werden soll und inwieweit Fassaden infolge von Nutzungsänderungen oder veränderten Wohnansprüchen angepasst werden sollen. Häufiges Thema ist hier der Einbau neuer Belichtungsöffnungen beim Ausbau von Dachgeschossen oder von Scheunen und Ställen. Neue Fenster sowie alte Fenster, die ersetzt werden müssen, sind in der Regel in Holz auszuführen. Konstruktiv intakte Fenster sollten möglichst erhalten und wieder aufgearbeitet werden. Teils werden zur energetischen Optimierung zusätzlich Innenfenster eingebaut. Manchmal finden sich hierfür auf dem Dachboden noch sogenannte Winterfenster, die früher in der kalten Jahreszeit innenseitig eingesetzt wurden und oft noch in sehr gutem Zustand sind.

Beim Ausbau von Dachgeschossen und ehemaligen Wirtschaftsgebäuden zum Wohnen ist die Tragfähigkeit der vorhandenen Konstruktion statisch zu prüfen, da durch die Maßnahmen beträchtliche zusätzliche Lasten eingebracht werden. Gegebenenfalls ist eine unterstützende Konstruktion aus Holz oder Stahl notwendig. Zum Wohnen umgenutzte Lagergebäude, Garagen oder Scheunen bieten meist umfassende Möglichkeiten zur Neugestaltung, da hier vergleichsweise wenig schützenswerte Einbauten und historische Elemente vorhanden sind. Wichtig ist jedoch, die intakten Teile des Tragwerks und des Dachstuhls zu bewahren und sichtbar zu halten, da dies für die Erhaltung der historischen Atmosphäre eine große Rolle spielt.

Den Schatz bewahren

Bei historischen Wohnräumen ist besonderes Fingerspitzengefühl gefragt. Während Baudenkmäler in der Regel insgesamt unter Schutz stehen und auch die Umgestaltung der Innenräume strengen Auflagen unterliegt, bestehen ansonsten weitgehende Möglichkeiten zur Veränderung. Am häufigsten ist das Bedürfnis, die in Altbauten oft eher kleinteiligen Raumstrukturen großzügiger zu gestalten, indem etwa Wohnen, Essen und Kochen ohne trennende Wände vereint werden. Wanddurchbrüche und die Schaffung von Durchgängigkeit können die Voraussetzung für ein angenehmes Wohnerlebnis sein, jedoch sollte man bei historisch wertvollen Altbauten und Denkmälern Vorsicht walten lassen. Eine Komplettentkernung ohne Rücksicht auf vorhandene historische Werte ist nicht sinnvoll, da dies nicht nur mit einem Verlust von Geschichte, sondern auch von Atmosphäre verbunden ist. Räumliche Offenheit lässt sich etwa in alten Bauernhäusern auch dadurch schaffen, dass Stall- und insbesondere Scheunenbereiche, aber auch nicht ausgebaute Dachräume loftartig gestaltet werden. Die in diesem Buch vorgestellten Häuser liefern hierfür zahlreiche vorbildhafte Beispiele (S. 26, 82 und 108).

Wiederverwendung, Restaurierung, Upcycling

Historische Elemente sind ein wichtiger Beitrag, um Atmosphäre zu schaffen. Im Haus oder auf dem Grundstück vorgefundene oder bei Umbauarbeiten wie Wanddurchbrüchen gewonnene Baumaterialien, die zum Gebäude passen, können helfen, wertvolle Ressourcen einzusparen. So lassen sich Lehmbaustoffe, die oft für Fachwerkfüllungen eingesetzt wurden, ebenso wiederverwenden wie Ziegelsteine. Gleiches gilt für unter Abdeckungen verborgene intakte historische Dielen, Bretterlagen oder Steinböden. Die Untersuchung von alten Wandschichten fördert teils reizvolle Befunde hinsichtlich Farben, Mustern und Auftragstechniken zutage, die bei der Restaurierung wieder hergestellt werden können.

Eine Alternative zum Einsatz von gebrauchten oder historischen Baustoffe ist die Bewahrung und Optimierung vorhandener Bauteile. Das heißt, dass gestalterisch nicht überzeugende Elemente durch gezielte kleinere Maßnahmen angepasst werden, etwa durch das Abflexen unpassender Handläufe (S. 96) – die nachhaltige Alternative zur oft angewandten, meist sehr teuren Komplettlösung, bei der weitgehend alles erneuert wird.

LINKS Neue Bauteile können sich sehr gut in ein historisches Umfeld einfügen, wenn sie so hochwertig und klar gestaltet sind wie diese Stahltreppe. (Architekt Peter Schell)

RECHTS Die Wiederverwendung und Aufarbeitung historischer Bauteile wie Türen, Beschlägen und Bodenbelägen wertet das Ambiente auf und ist nachhaltig.

Mit neuer Formensprache

SANIERUNGS- UND UMBAUPLANUNG
mm architekten – Martin A. Müller, Hannover

Die Bauherren liebten die traditionelle Baugestalt ihres villenähnlichen Hauses aus den 1930er Jahren. Allerdings war der um 1980 ergänzte Wintergarten beim Erwerb durch die heutigen Eigentümer bautechnisch und energetisch sanierungsbedürftig, weshalb ein Ersatz notwendig war. Der dafür zunächst hinzugezogene Planer machte einen Vorschlag, der den Bauherren letztlich etwas zu konventionell war. Im zweiten Versuch wandte man sich an den Hannoveraner Architekten Martin A. Müller, der eine Lösung vorschlug, die formal neue Wege beschreitet und sofort die Zustimmung der Bauherren fand.

Sichtbeton und gläserne Transparenz

Der neue Anbau wendet sich organisch geformt und dynamisch in der Anmutung dem Garten zu. Damit nimmt er dessen natürlichen Charakter auf und symbolisiert die Verbindung zwischen Innen- und Außenraum. In ihrer Materialität greift die Erweiterung das Sichtmauerwerk aus Klinkern im Sockels des Bestandsgebäude auf und führt es als verbindendes Element weiter. Mit den großen Verglasungen und dem Sichtbetondach setzt sich der Anbau bewusst vom Bestand mit seinen Putzfassaden und den überwiegend kleinteiligen Öffnungen ab, wirkt aber dennoch wie ein selbstverständlicher Teil der Architektur. Das ebenfalls organisch geformte Betondach schützt durch seine Auskragung die Fassade vor Witterungseinflüssen und insbesondere vor einer sommerlichen Überhitzung des Raums.

Der Übergang zum neuen Bauteil wurde im Zuge der Maßnahmen großflächig geöffnet, sodass zwischen dem lichten neuen Essplatz in der Erweiterung und der ebenfalls neu gestalteten Küche im Altbau ein offener Raumzusammenhang entstanden ist. Zusätzlich gestalteten die Bauherren auch weitere Zimmer im Bestand wie den Salon und die Toilette im Erdgeschoss mit sicherem Stilgefühl um.

Die vorgelagerte Terrasse ist sowohl vom Hauptgebäude als auch vom Anbau aus direkt und schwellenlos zugänglich. Über einige Stufen geht es hinab auf das Gartenniveau, wo ein großer Pool mit Liegebereich entstanden ist.

LINKS Anbau mit schützendem Dachüberstand

RECHTE SEITE Gesamtansicht mit renoviertem Altbau und Erweiterung

LINKS Blick in den geöffneten Anbau und in den Garten

RECHTE SEITEN OBEN Tonklinker und große Glasflächen prägen die Fassade des Anbaus.

RECHTE SEITE UNTEN Vom Essplatz im Anbau sind Terrasse und Garten zu sehen.

OBEN Der offene Übergang zwischen Anbau und neu gestalteter Küche im Altbau

UNTEN Stilvoll umgestaltetes Wohnzimmer im Altbau

RECHTE SEITE Blick durch die Erweiterung

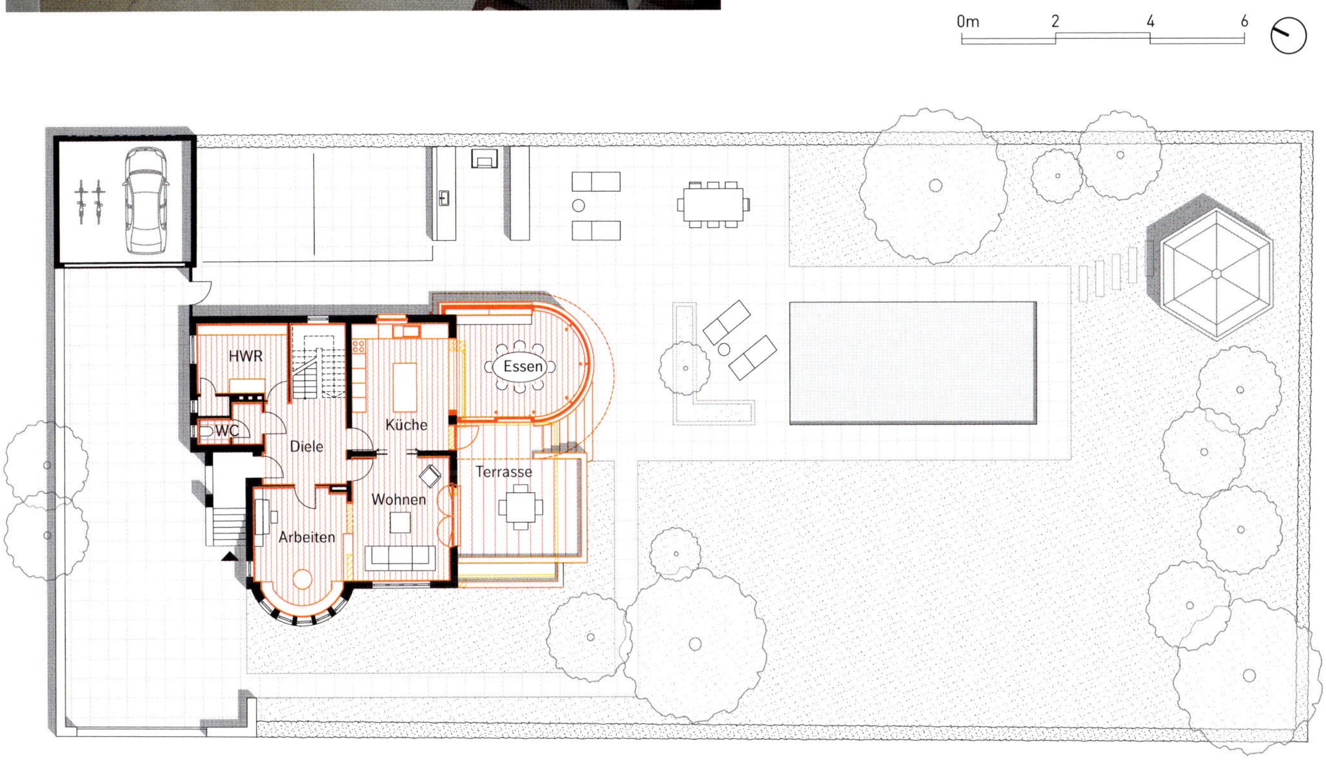

Erdgeschoss

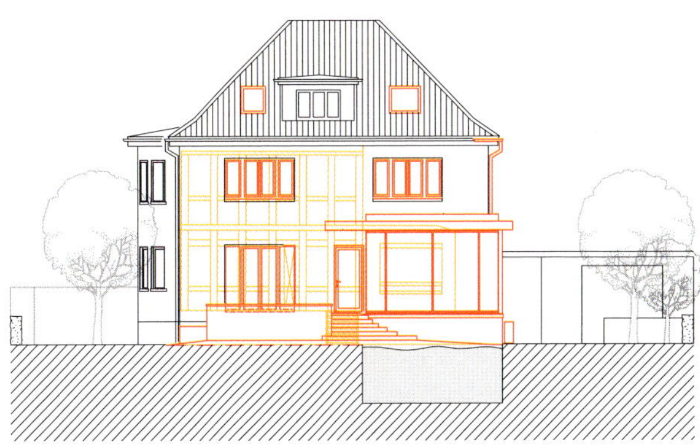

Schnitt

BAUDATEN

Standort Ilten bei Hannover

Ursprüngliche Erbauungszeit um 1930

Fertigstellung Umbau und Erweiterung 2023

Grundstücksgröße ca. 1.300 m^2

Wohnfläche Hauptgebäude ca. 250 m^2, Erweiterung ca. 25 m^2 (zuzüglich ca. 25 m^2 Terrasse)

Endenergiebedarf Erweiterung 80 kWh/m^2a

Gesamtkosten keine Angaben

Lichte Offenheit schaffen

SANIERUNGS- UND UMBAUPLANUNG
Architekt Theis Janssen, Bremen

Wie auch in vielen anderen Fällen stellte sich hier für ein Ehepaar mit zwei Kindern die Frage, wie sie ihrem in den 1950er Jahren errichteten Siedlungshaus im Bremer Ortsteil Lesum neuen Wohnwert »entlocken« könnten. Sie benötigten nicht nur mehr Platz, insbesondere für zwei Kinderzimmer, sondern wünschten sich auch ein deutlich großzügigeres Wohngefühl, den Eindruck von Weite, viel Sonne und Licht sowie einen direkten Bezug zum Garten. Bei der Betrachtung des Ergebnisses lässt sich sagen, dass diese Vorstellungen bestens verwirklicht wurden.

Ein Anbau als Traumhaus

Gemeinsam mit dem Bremer Architekten Theis Janssen machte man sich an die Planung. Dabei wurde klar, dass die Ansprüche sich im Altbau allein nicht verwirklich ließen. Es fiel die Entscheidung für eine traufseitige Erweiterung mit einer Wohnfläche von 111 Quadratmetern, die im Erdgeschoss direkt an den Bestand anschließt. Städtebaulich steht damit parallel zum Altbau ein »Zwilling«, der giebelseitig die Straßenfluchten der Nachbarn aufnimmt. Ein Durchbruch im Esszimmer ermöglichte es, eine große, lang gestreckte Wohnküche mit Essplatz unter der neuen Wendeltreppe zu schaffen. Die großflächige Verglasung der Erweiterung sorgt für eine schöne Belichtung dieses Bereichs sowie auch des neuen Baukörpers insgesamt. Im Erdgeschoss des Anbaus befindet sich der Elternbereich mit Schlaf- und großem En-Suite-Badezimmer, darüber liegen eine Galerie mit weitem Ausblick sowie die beiden Kinderzimmer. Ein neu geschaffener Übergang im Obergeschoss stellt die Verbindung zum Gäste- und Bürotrakt des Altbaus her.

Die südwestliche Glasfassade holt gerade zur kalten Jahreszeit wertvolle Sonnenwärme ins Haus, die in den Holzböden, Decken und Wänden gespeichert und dann wieder an die Raumluft abgegeben wird. Eine sommerliche Überhitzung wird durch außen liegenden Sonnenschutz am gartenseitigen Giebel vermieden. Die dezentrale Lüftung mit Wärmerückgewinnung gewährleistet ein angenehmes Raumklima. Neben der passiv erzeugten Wärme versorgt eine Gasbrennwerttherme im Altbau den Neubau mit. Im Rahmen der weiteren Altbaurenovierung könnte diese durch eine Wärmepumpe ersetzt werden, auf dem Dach des Anbaus ist später noch die Installation einer Photovoltaikanlage zur Stromerzeugung geplant.

Harmonisches Gesamtbild

Die Unterschiede zwischen Alt- und Neubau fallen sofort ins Auge: Während das Siedlungshaus ein verputzter Massivbau mit kleinen Fassadenöffnungen ist, wurde der Neubau in Hybridbauweise mit tragendem Mauerwerk aus Poroton und einer vorgehängten Holzfassade mit grau lasierter, senkrechter Douglasienschalung errichtet. Im Inneren bleiben die Geschossdecke aus Brettsperrholz und das holzverkleidete Satteldach frei sichtbar.

Gleichzeitig stellen einige geschickte Planungsideen sicher, dass Alt und Neu als visuelle Einheit funktionieren. So wurden neben der steilen Dachneigung und dem Grau einiger Elemente im Bestand zum Beispiel auf der Straßenseite die exakten Abmessungen eines Fensters übernommen.

Insgesamt zeigt das Haus eine vorbildliche Erweiterungslösung, bei der hochwertige, zeitgemäße Architektur sowie ökologisches und energiesparendes Bauen neue Wohnqualitäten schaffen.

RECHTE SEITE Frontalansicht der Erweiterung, links der Altbau

OBEN LINKS Alt und Neu in der Gesamtansicht

OBEN RECHS Straßenansicht des Anbaus

LINKS Blick in den neu entstandenen Essplatz im Anbau

OBEN UND RECHTS
Perfekt verbunden: Die neue Küche im Altbau und der Essplatz in der Erweiterung bilden einen offenen Raumzusammenhang.

OBEN Die filigran gestaltete Treppe führt zum Obergeschoss des Anbaus.

UNTEN Blick aus dem Obergeschoss

OBEN UND UNTEN
Elternschlafzimmer und Bad im Anbau

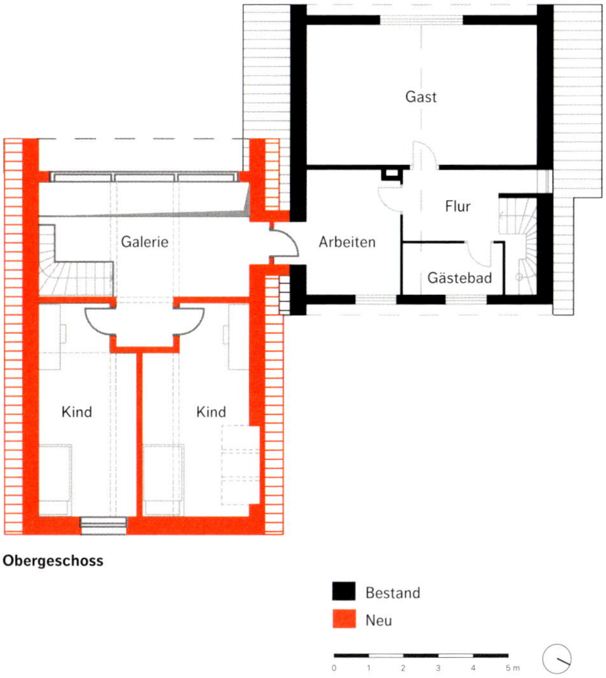

Obergeschoss

BAUDATEN

Standort Bremen-Lesum
Ursprüngliche Erbauungszeit 1950
Fertigstellung Sanierung und Erweiterung 2024
Grundstücksgröße 1.251 m²
Wohnfläche vor Erweiterung 104 m², nach Erweiterung 215 m²
Gesamtkosten Erweiterung keine Angaben

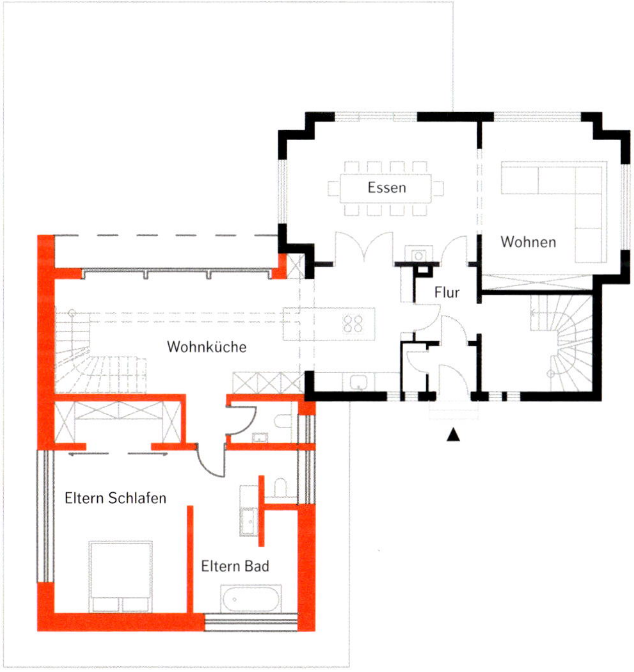

Erdgeschoss

Mit Augenmaß und Fantasie

SANIERUNGS- UND UMBAUPLANUNG
Engelbrecht Architekten, Triftern

Im tiefsten Niederbayern fand ein Architekten-Ehepaar aus München den Ort seiner Träume. Nach vielen Besichtigungen erwarben Andrea und Reinhard Engelbrecht im Jahr 2016 den denkmalgeschützten Hof Mollnöd in reizvoller Alleinlage, eingebettet in eine Landschaft aus Obstwiesen und Feldern. Ihnen gefiel vor allem die Schönheit des Gebäudeensembles mit seinem erhaltenen historischen Erscheinungsbild. Außerdem boten die vorhandenen räumlichen Reserven in Scheune und Stall die Möglichkeit, neue architektonische Ansätze auszuprobieren.

Der historische Wohnteil des 1820 erstmals erwähnten Bauernhauses mit Küche, Stube und Schlafzimmern wurde bei der Sanierung um einen Wohn- und Essbereich im früheren Stall erweitert. Von dort gelangt man in die umgenutzte Scheune mit neu eingefügten Kuben aus Holz und Glas, die als Büro und Gästebereich dienen.

Stall und Scheune waren weitgehend original erhalten, wenn auch stark sanierungsbedürftig. Das Ehepaar verbrachte seine Wochenenden in den ersten Jahren fast ausschließlich auf der Baustelle, gewohnt wurde in Stube und Küche. Einzig ein neuer, holzbefeuerter Küchenofen sorgte zu dieser Zeit für etwas wohnliche Wärme im Winter. Heute ist auf Nebengebäuden eine Photovoltaikanlage installiert, die eine Wärmepumpe mit Strom versorgt. Die Heizwärme wird über Bodenheizungen verteilt und gewährleistet die Grundtemperierung. Zwei Holzöfen in Stube und Küche sowie ein Kamin im neuen Wohnzimmer liefern bei Bedarf zusätzliche Wärme.

Bewahren und sparsam sanieren

Das Sanierungskonzept folgte dem Motto, nur so viel zu verändern wie nötig. Beispielsweise waren die Bauherren mit den noch vorhandenen, fast 100 Jahre alten Fenstern zufrieden. Diese werden in der kalten Jahreszeit mit Winterfenstern zu Kastenfenstern aufgedoppelt. Mit viel Liebe schreinerten sie einzelne Teile neu, schliffen alte Farbreste ab und strichen die Fenster mit traditioneller Leinölfarbe.

Bei jeder Entscheidung wurde geprüft, welche Lösung bei vergleichbarer Qualität kostengünstiger und mit einfacheren Mitteln realisiert werden konnte. Dies führte letztlich zu einer Baukostenersparnis von bis zu 25 Prozent. Bestes Beispiel dafür sind die neuen Kuben in der Scheune, in deren minimalistisches Holzskelett moderne, dreifachverglaste Fenster aus einem Abrissobjekt eingefügt wurden, für die lediglich wenige Tausend Euro an Kosten anfielen. Wichtig war auch die bewusste Entscheidung für einfache Lösungen. Der Verzicht auf Hightech und »Über-Installation« sparte viele Kosten. So sind etwa die Elektroleitungen wie früher üblich auf Putz verlegt.

Der Dachstuhl des Altbaus war überwiegend in gutem Zustand, es mussten lediglich im Wirtschaftsteil statische Sicherungen vorgenommen werden. Bei den Blockbohlen auf der südöstlichen Giebelseite war an einigen Stellen ein Ersetzen notwendig. Das vorhandene Fundament aus Feldsteinen auf einer Lehmschicht wurde beibehalten. Nur der Fußboden, dessen Bohlen direkt auf dem Lehmboden lagen, wurde durch eine betonierte, gedämmte Bodenplatte mit Estrich und Fußbodenheizung ersetzt.

Detailarbeit in Eigenleistung

Löcher in den Wänden waren zu verfüllen, Fehlstellen zwischen den Holzbalken der Blockbauwände fugten die Bauherren zur Abdichtung in mühsamer Handarbeit mit Lehm und Flachs neu aus. Einige Blockbauwände wurden von innen mit Holzfaserplatten gedämmt und mit Lehm verputzt. Vorhandener Kalkputz wurde mit traditionellen Verfahren erneuert und mit

RECHTE SEITE Giebelansicht des historischen Wohnteils

OBEN Traufansicht des Wohnteils

UNTEN Die ehemalige Scheune mit Fassade aus Polycarbonatplatten

RECHTE SEITE Eingangsseite mit Blockbohlenwand und neuer Balkonkonstruktion

durch Naturpigmente eingefärbten Kalkfarben gestrichen. An vielen Stellen, so in der Stube, der Küche und im Flur, war es möglich, Wandpartien zu erhalten und zu ergänzen, da man sie als Zeugen der Baugeschichte betrachtete. Beispielsweise restaurierten die Bauherren historische Rollenornamente, eine im Stempelverfahren ausgeführte Bordüre in der Küche wurde mit Kartoffeldruck passend ergänzt. Die wunderschöne südwestliche Stubenwand erhielt nach Befund einen Anstrich mit selbst aus Kalk und blauem Pigment angemischter Farbe. Balken wurden von Hand gesäubert, neu verlegte Böden gelaugt und geseift, versetzt mit etwas Weißpigment.

Für besondere Aufgaben fanden die Engelbrechts erfahrene Handwerker, die die traditionellen Techniken beherrschten. Ein älterer Maurer aus der Umgebung konnte etwa die maroden Fensterstürze fachgerecht neu aufmauern.

Umgenutzte Scheune

Einer der in die Scheune eingestellten Kuben wird als Architekturbüro genutzt, der andere als Gästebereich auf zwei Ebenen. Die übrige Fläche dient als Ort zum Feiern und zum Werken. Der überwiegende Teil der Scheune verblieb als sogenannter Kaltraum, das heißt, nur die neu eingebauten Kuben werden beheizt. Das hallenähnliche Erscheinungsbild und der Durchfahrtscharakter mit den großen Toren blieben erfahrbar. Um die Belichtungssituation zu verbessern, wurde die ursprüngliche Holzverschalung der Scheunenwände mit günstigen, lichtdurchlässigen Polycarbonatplatten ersetzt. Dieser sonst meist im Gewerbebau eingesetzte Baustoff bringt ein spannendes modernes Element ein, das den rauen, ehrlichen und gleichzeitig höchst kreativen Charakter der Sanierung insgesamt noch unterstreicht.

OBEN LINKS Die alte Stube mit Durchblick zur Küche

OBEN RECHTS Im Flur mit der Treppe zum Obergeschoss wurden Farb- und Putzbefunde bewusst offen gehalten.

UNTEN Wohn- und Essbereich im früheren Stall

RECHTE SEITE Scheune mit Einbauten für Büro (links) und Gäste (hinten)

Kinderland

LINKS Blick durch die Scheune zur Sonnenterrasse, rechts der Büro-Kubus

UNTEN Der Wohn-Kubus in der Scheune wird oft von den erwachsenen Kindern und den Enkeln genutzt.

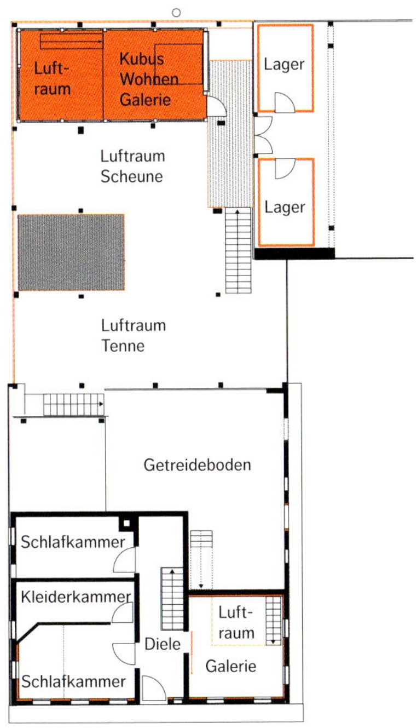

Obergeschoss

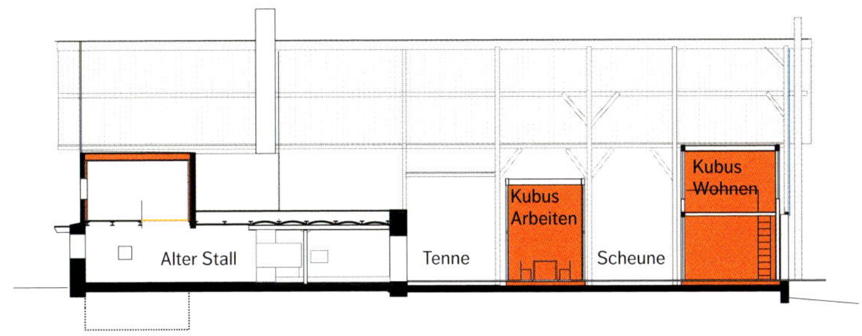

Schnitt

Bestand
Abbruch
Neu

Erdgeschoss

vorher

BAUDATEN

Standort Mollnöd, Gemeinde Triftern, Bayern

Ursprüngliche Erbauungszeit wohl um 1820

Fertigstellung Sanierung und Umbau 2022

Grundstücksgröße ca. 8.000 m²

Wohnfläche vor Sanierung ca. 110 m², nach Sanierung ca. 234 m² (160 m² alter Wohnteil, 74 m² neue Kuben)

Endenergiebedarf nach Sanierung ca. 70 kWh/m²a (solarer Deckungsanteil ca. 60 %)

Gesamtkosten brutto ca. 300.000 €

Umfassend modernisiert

SANIERUNGS- UND UMBAUPLANUNG
Spooren Architekten, Gütersloh

In den späten 1950er Jahren errichtete Wohngebäude zeichnen sich in vielen Fällen durch eine einfache, architektonisch klare Formgebung und gute Baumaterialien aus, sind aber sowohl in der Grundrissgestaltung als auch in energetischer Hinsicht dringend modernisierungsbedürftig. Das galt auch für dieses 1957 errichtete Siedlungshaus in einem Ortsteil von Gütersloh, das nach dem Auszug der Kinder eine grundlegende Renovierung erfahren sollte. Zusammen mit Spooren Architekten entstand ein umfassendes Umgestaltungskonzept.

Großzügigkeit schaffen

Besonders wichtig war den Bauherren die Neugestaltung des Erdgeschosses, dessen Kleinteiligkeit nicht mehr den aktuellen Vorstellungen von Durchgängigkeit entsprach. Der Wunsch nach einem offenen Raumerleben ließ sich durch das Entfernen mehrerer Innenwände erfüllen, vor allem aber dank eines neuen Eingangsbaukörpers zwischen Haus und Garage, der die Verlegung von Raumfunktionen ermöglichte. Wohnen, Essen und Kochen bilden nun eine Einheit, eine gelochte Akustikdecke optimiert die Schallentwicklung. Zwischen Wohnbereich und Entree entstand eine lange Sichtachse. Zwei neue Hebeschiebetüren schaffen einen direkten Zugang von der Küche und vom Essbereich zur neu angelegten Terrasse. Die vorherige Gästetoilette wurde zu einem zweiten vollwertigen Badezimmer vergrößert. Im Obergeschoss entstand aus den beiden ehemaligen Kinderzimmern ein Hobby- und Gästezimmer, ferner wurden ein großes Bad und ein Ankleideraum eingebaut. Unter dem Dach befindet sich ein Arbeitszimmer mit Stauraumflächen.

Bauliche Maßnahmen

Im Äußeren wurden die Fassaden geklärt und die Fenster erneuert, die im gartenseitigen Giebel nun alle bodentief sind. Der Balkon wurde wegen bautechnischer und energetischer Mängel abgebrochen. Das gesamte Gebäude erhielt eine Außenwanddämmung, das Dach wurde abgedeckt und gedämmt, die Belichtung durch neue Dachflächenfenster verbessert. Eine große Photovoltaikanlage mit 24 kWp erzeugt Strom für die Selbstnutzung oder die Einspeisung ins öffentliche Netz. Eine Erdwärmepumpe mit Tiefenbohrung ersetzt die zuvor vorhandene Gasbrennwerttherme, eine Fußbodenheizungen verteilt die Wärme in den Räumen. Durch die energetischen Maßnahmen erreicht das Haus nun die Effizienzhausstandard 55.

Im Zuge der Maßnahmen kam es auch zu einer Anpassung der Außenanlagen. Die Ansichten der Doppelgarage wurden zusammen mit dem Bau des neuen Eingangsgebäudes neu gestaltet und erhielten zusätzliche gartenseitige Öffnungen.

Diese Komplettlösung bringt das Gebäude gestalterisch und energetisch auf den aktuellen Stand, ohne die klare Architektursprache des Bestands zu verunklaren.

OBEN Straßenansicht nach dem Umbau

RECHTE SEITE Auf der Gartenseite

OBEN Gesamtansicht der Gartenseite mit neuem Eingangsbau und Garagentrakt

RECHTS Neuer Eingangsbereich

OBEN UND UNTEN Koch-, Ess- und Wohnbereich bilden nach dem Umbau einen offenen Raumzusammenhang.

OBEN LINKS Durchblick vom Eingang bis in den Wohnbereich

OBEN RECHTS Neu gestalteter, gläsern-transparenter Treppenraum

LINKS Badezimmer im Obergeschoss

BAUDATEN

Standort Gütersloh, Nordrhein- Westfalen

Ursprüngliche Erbauungszeit 1957

Fertigstellung Sanierung und Umbau 2023

Grundstücksgröße ca. 700 m^2

Wohnfläche vor Umbau ca. 132 m^2, nach Umbau ca. 150 m^2

Endenergiebedarf vor Sanierung 242 kWh/m^2a, nach Sanierung 22 kWh/m^2a

Gesamtkosten keine Angaben

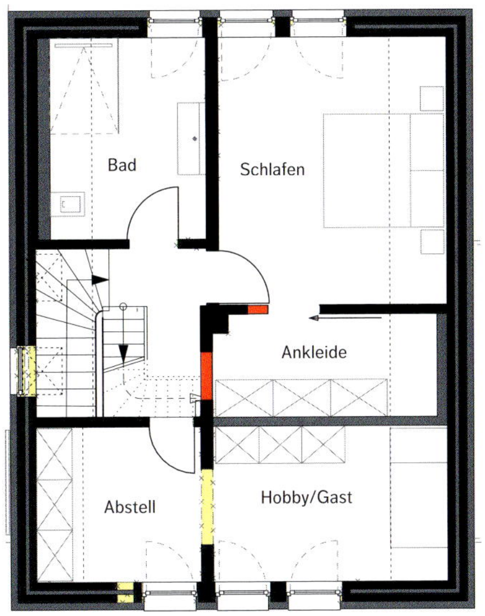

Obergeschoss

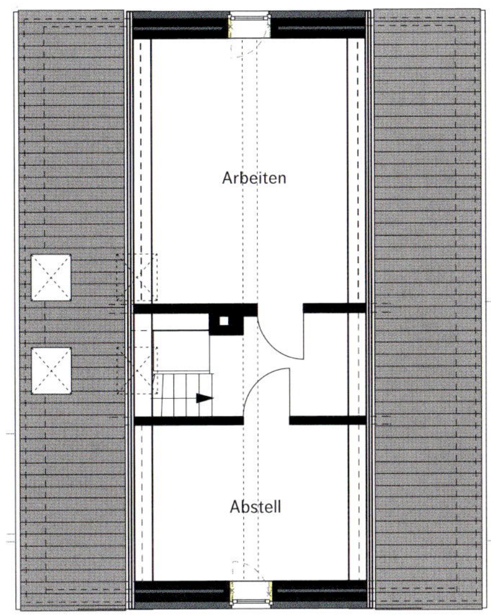

Spitzboden

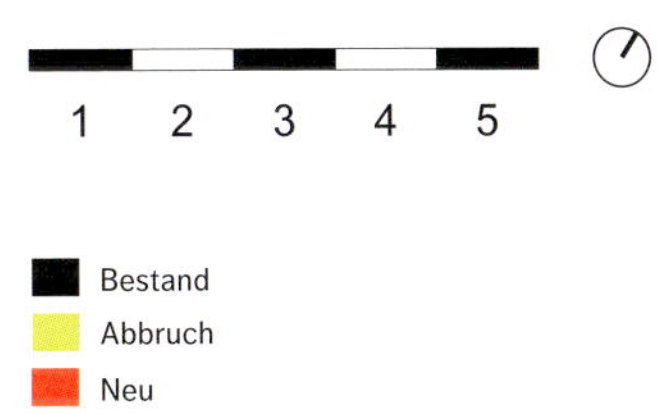

Erdgeschoss

Weiterbauen am Fluss

SANIERUNGS- UND UMBAUPLANUNG
design-werk – Marc Rupf, Scharnitz

2015 hatten der Architekt Marc Rupf und seine Frau für sich und ihre Tochter ihr Traumhaus am Oberlauf der Isar errichtet, am Rand des Tiroler Dorfs Scharnitz. Im Lauf der Jahre kam dann der Wunsch nach mehr Wohn- und Nutzfläche auf. Aus der anfänglichen Idee von einem zusätzlichen Arbeitszimmer als Architekturbüro entwickelte sich nach und nach das letztlich umgesetzte Konzept einer vollwertigen, bei Bedarf völlig eigenständigen und separat erschlossenen Einheit. Der Übergangsbereich zum Hauptgebäude wird als Büro genutzt, die sich anschließende zweigeschossige Split-Level-Wohneinheit vereint Kochen, Essen, Wohnen und Schlafen. Ein kleines, voll ausgestattetes Badezimmer rundet das Raumprogramm ab. Tritt man durch die Eingangstür nach draußen, gelangt man direkt in die angebaute Sauna. Nach dem Saunieren lädt die nur wenige Meter entfernte Isar zum Eisbad ein.

Natürlich und klar

Die Lage mit Sicht auf Berge, Wald und Isarlandschaft wird mit bewusst gewählten Ausblicken wunderbar inszeniert. In der Materialität und Farbigkeit zeigt sich die Erweiterung, die die Formensprache des Haupthauses aufnimmt, klar und naturverbunden. Die graue Holzfassade und die unaufdringliche, gewollt »hüttenartige« Architektur suchen den Bezug zur Landschaft und zu althergebrachten Bautraditionen, die ins Heute übersetzt wurden.

Aktuell wohnt und schläft die Familie teils selbst in dem Anbau, um die Aussicht durch die 5,50 Quadratmeter messende Dachverglasung auf den Sternenhimmel genießen zu können; er steht aber auch Familie und Freunden zur Verfügung, die zu Besuch sind. Später kann daraus vielleicht ein eigenes Reich für die Tochter werden – und irgendwann einmal könnten Eltern und Kind die Wohnhäuser tauschen.

Nachhaltigkeit, Recycling, Upcycling

Wie bereits beim Hauptgebäude spielte der Gedanke der Nachhaltigkeit auch bei der Planung des Neubaus eine bedeutende Rolle. Beton wurde ebenso wie mineralische Dämmung – überwiegend XPS-Dämmung aus Wiederverwendung – nur in den erdberührten Bereichen eingesetzt und der Aushub durch die entsprechende Gestaltung der Kubatur auf ein Minimum beschränkt. Ansonsten handelt es sich um eine reine Holzkonstruktion, deren Außenwände und Dach überwiegend mit recycelten Stoffen aus Abbruchhäusern in der Umgebung gedämmt sind. Nicht zuletzt sorgen Photovoltaikmodule auf dem Dach des Anbaus für eine nachhaltige Stromerzeugung.

Ziel war es, in jedem Bereich nach günstigen und dabei hochwertigen Lösungen zu suchen. Hunderte von Suchstunden auf den gängigen Handelsplattformen bildeten dafür eine wichtige Voraussetzung. Um die Kosten für die überwiegend großformatigen Fenster unter Kontrolle zu behalten, griff man auf Retouren von Dreifach-Wärmeschutzverglasungen zurück. Das Haus wurde gleichsam um die Fenster herum geplant. Sie lieferten die Anregungen für die Gestaltung der Fassaden und des Dachs, das analog zum Haupthaus mit anthrazitfarbenen Aluminiumblechen gedeckt ist. Die Sauna konnte man unentgeltlich gegen Selbstabbau bekommen. Hier wie beim gesamten Bauprozess spielten Eigenleistungen eine zentrale Rolle, vom Rohbau über das Setzen der Fensterrahmen, das Einbringen der Dämmmaterialien und die Montage der Fassadenschalung bis zum Innenausbau.

Die überzeugende Erweiterungslösung schafft das Kunststück, anspruchsvolle und unprätentiöse Architektur, nachhaltiges Bauen und hohe finanzielle Effizienz unter einen Hut zu bringen und sich dabei perfekt in die Landschaft einzufügen.

RECHTE SEITE Die Erweiterung besitzt einen eigenen Eingang, links davon liegt die Sauna.

OBEN Der Anbau schließt nahtlos an das Hauptgebäude an.

RECHTS Frontalansicht des Anbaus. Die Fenster sind kostengünstige Retouren.

GANZ RECHTS Im Vordergrund das Hauptgebäude, links die Erweiterung

LINKS Luft zum Atmen: Sichtachse durch die Erweiterung zum Eingang

UNTEN LINKS Blick von der Galerie zum Essplatz. Die Tür führt zum Arbeitsbereich und zum Hauptgebäude.

UNTEN RECHTS Das Regal ist gleichzeitig die Treppe zum zweiten Schlafplatz.

RECHTE SEITE Der Anbau bietet weite Ausblicke in die Umgebung.

OBEN Durch das große Dachfenster auf der Schlafgalerie lassen sich die Sterne beobachten.

UNTEN Blick von der Schlafgalerie durch den Anbau

OBEN Sauna mit Aussicht

BAUDATEN

Standort Scharnitz, Tirol, Österreich

Erbauungszeit Hauptgebäude 2014

Fertigstellung Erweiterung 2025

Grundstücksgröße ca. 691 m²

Wohnnutzfläche vor Erweiterung ca. 113 m², nach Erweiterung ca. 173 m²

Endenergiebedarf 29,8 kWh/m²a

Gesamtkosten Erweiterung 95.000 € brutto

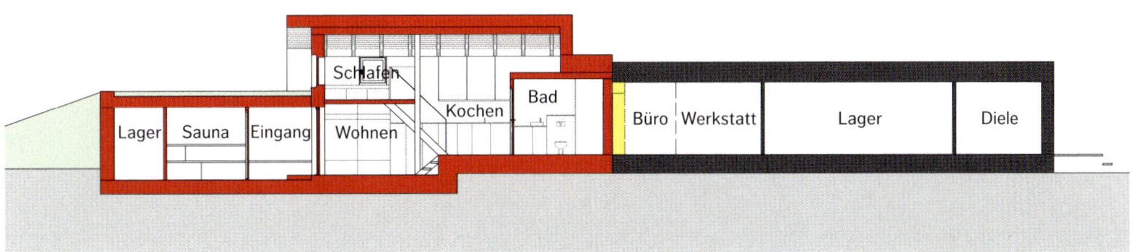

Schnitt

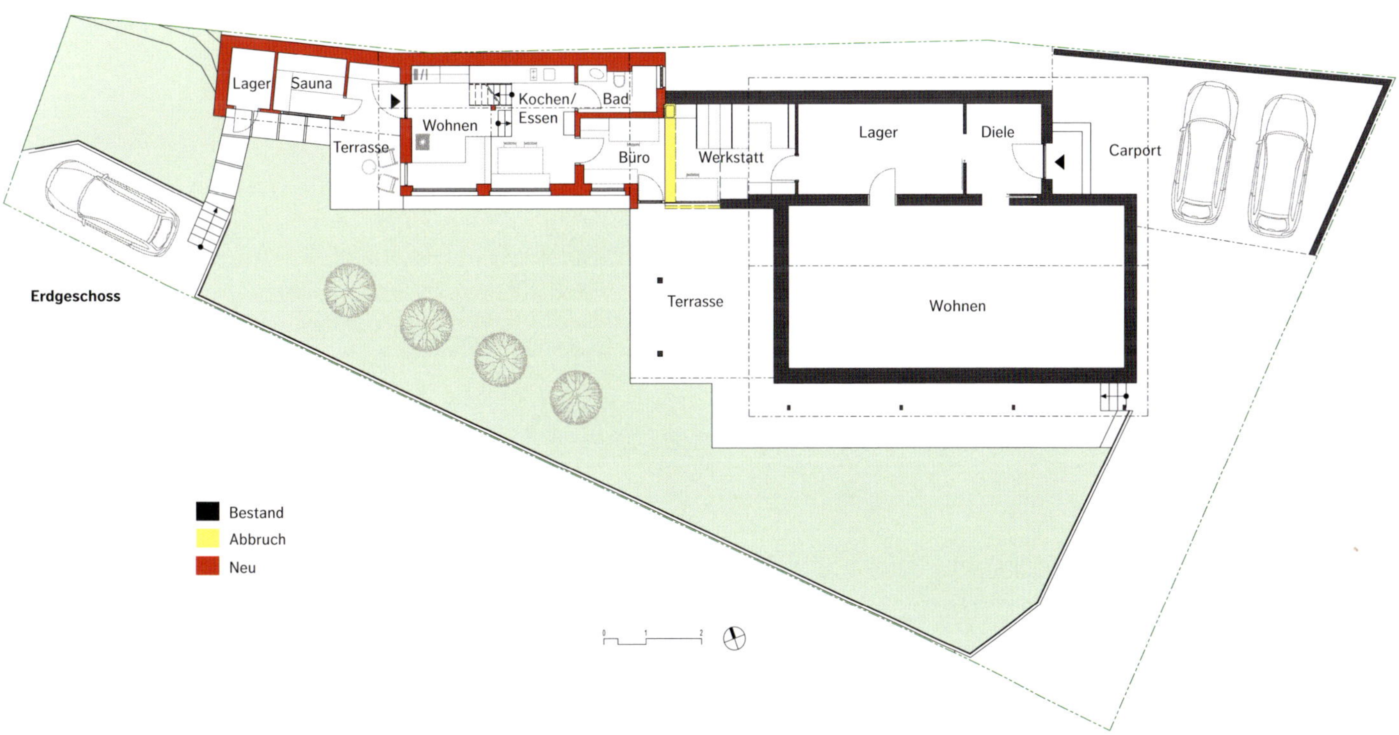

Erdgeschoss

Wohnloft mit historischem Feingefühl

SANIERUNGS- UND UMBAUPLANUNG
Küssdenfrosch, Düsseldorf

Vormals gewerblich genutzte Immobilien waren lange Zeit Abrisskandidaten. Für Bauten aus der zweiten Hälfte des 20. Jahrhunderts gilt dies in vielen Fällen noch immer, denn kunsthistorische Finessen finden sich dort nur in seltenen Fällen. Doch Kenner schätzen gerade den industriellen Charme und die Chance, ein solches Gebäude durch entsprechende Anpassung zu einem außergewöhnlichen Wohnsitz zu formen. Das Düsseldorfer Architektur- und Projektentwicklungsbüro Küssdenfrosch, das sich seit Langem alter, insbesondere denkmalgeschützter Objekte annimmt, erkannte sofort das Potenzial dieser Gewerbehalle aus den 1950er Jahren und ergriff die Gelegenheit, sie zu einem ganz besonderen Wohnraum umzugestalten.

Großzügig leben im Hinterhof

Die Hinterhofsituation mit der früher recht beengt wirkenden Erschließungssituation mag manchen Interessenten abgeschreckt haben. Um sich vorzustellen, dass hieraus in kurzer Zeit ein wunderbarer Wohnloft entstehen könnte, brauchte es nicht nur Fantasie, sondern auch Sachkenntnis, Sensibilität und das Vertrauen in die Möglichkeiten des Bestands.

Es ist ein offenes, großzügiges Wohnerlebnis mit ineinander übergehendem Wohn-, Ess- und Kochbereich entstanden, der zusätzlich die Möglichkeit eines abgetrennten Arbeitsbereichs bietet. Das Entfernen einiger weniger Leichtbauwände schuf hierfür die Grundlagen. Im Eingangsbereich wurden vorhandene Einbauten erhalten und durch hochwertige, wiederverwendete Bauteile ergänzt – unter anderem die Türelemente im Flur, die wie auch andere adaptierte Bauteile aus dem Fundus des Architekturbüros stammten. Neu ist vor allem das große, dem Eingang zugeordnete Bad. Das gegenüber der Halle um einige Stufen tiefer liegende Schlafzimmer wurde im seitlichen Anbau untergebracht.

Sanieren statt erneuern

Da die vorhandene Tragkonstruktion überwiegend intakt war, verfolgten die Architekten den Ansatz, so viel wie möglich zu erhalten. Neues wurde nur dort ergänzt, wo es aus bautechnischen oder energetischen Gründen erforderlich war. Lediglich die Außenwände im seitlichen Anbau erhielten eine Dämmung aus Mineralwolle, während die Backsteinwände der großen Halle unverändert blieben. Die filigrane Stahlkonstruktion wurde ergänzt und aufgrund der zusätzlichen Deckenlasten verstärkt. Alle vorhandenen Stahlfachträger wurden anthrazitfarben gestrichen, neue Stahlelemente unbehandelt belassen. Das Dach erhielt einen neuen Aufbau sowie eine fachgerechte Dämmung und ist größtenteils begrünt. Angelehnt an die Belichtung des Bestands sorgen zwei Reihen elektrisch betriebener Dachfenster für weiches Licht von oben und bedarfsgerechte Belüftung. Durch das Entfernen zweier Konstruktionsachsen auf der Westseite entstand ein großzügiger Außenbereich mit Holzterrasse. Der neue Westgiebel orientiert sich in seiner Konstruktion am Bestand, wurde jedoch großflächig verglast und mit doppelflügeligen Fenstertüren versehen. Auf der Eingangsseite bewahrte und sanierte man die früher der Warenanlieferung dienende Laderampe und fügte eine einfache Stahltreppe hinzu. Der weiße Anstrich der Wände und die Neugestaltung der Fassaden haben aus der schummrigen Hinterhofatmosphäre eine helle und freundliche Zugangssituation gemacht. Das Projekt bewahrt gekonnt ein Stück späte Industriekultur und gestaltet es durch durchdachte, gezielte Eingriffe zu einem Einraumerlebnis der besonderen Art um.

RECHTE SEITE Durch die teilweise Öffnung des Dachs entstand eine große Sonnenterrasse.

OBEN UND RECHTE SEITE Wohnen, Kochen und Arbeiten sind in der früheren Gewerbehalle unter einem Dach vereint.

OBEN UND LINKS Der Ess- bzw. Besprechungstisch befindet sich in einem separaten Raum. Das alte Schiebetor wurde erhalten und aufgearbeitet.

OBEN UND LINKS Die renovierten Holzkassetten verleihen dem Raum eine besondere Qualität.

OBEN UND RECHTS Das Schlafzimmer liegt einige Stufen unterhalb des übrigen Niveaus im Anbau.

vorher

BAUDATEN

Standort Düsseldorf

Ursprüngliche Erbauungszeit 1950er Jahre

Fertigstellung Sanierung und Umbau 2025

Grundstücksgröße ca. 294 m²

Wohnfläche ca. 169 m²

Gesamtkosten keine Angaben

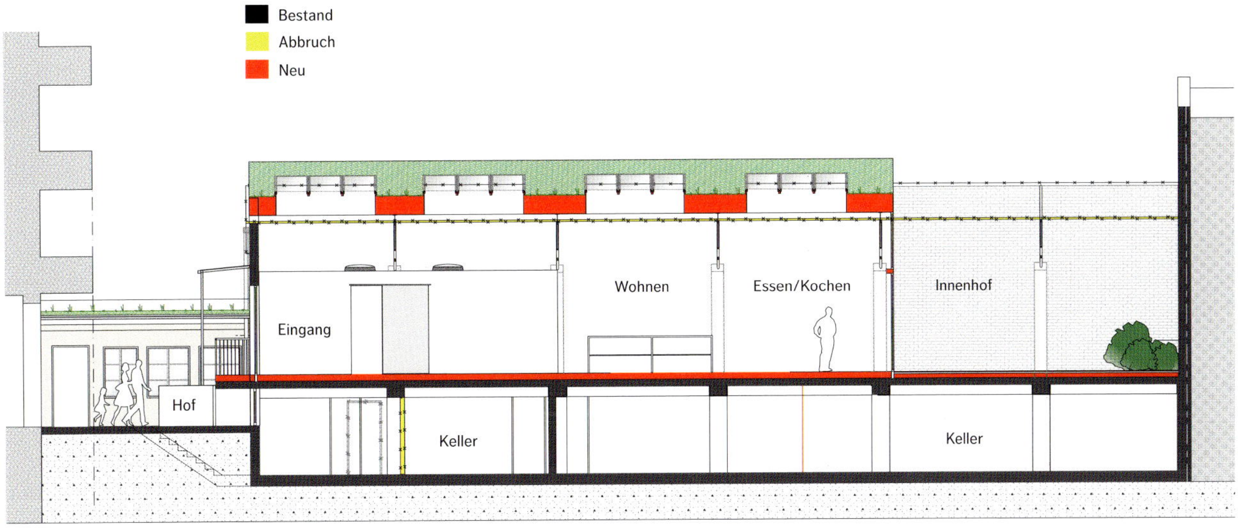

Schnitt

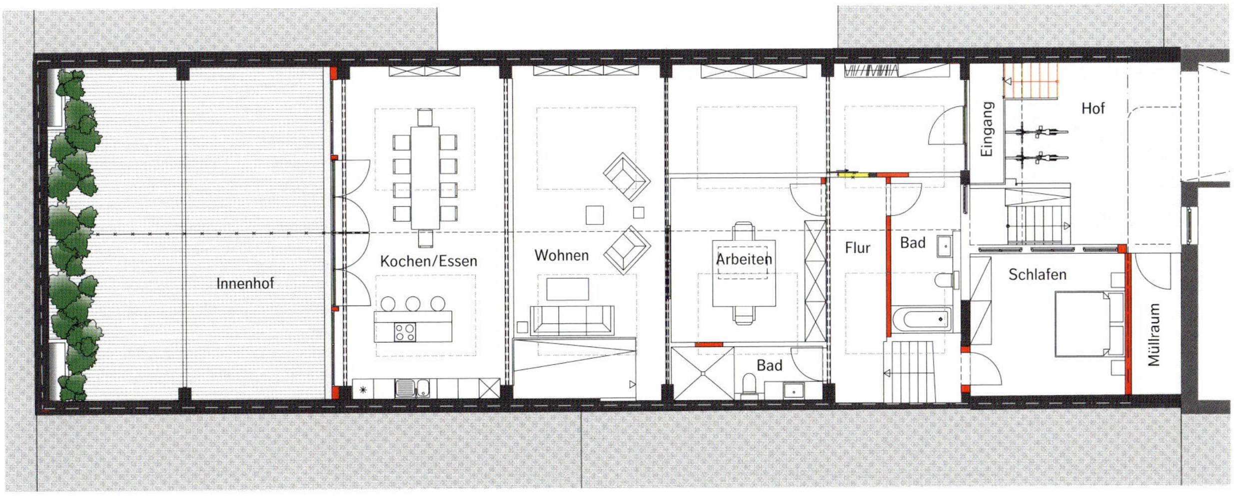

Erdgeschoss

Neue Offenheit und Raumgewinn

SANIERUNGS- UND UMBAUPLANUNG
architekten filutowski schmuck, Augsburg

Siedlungshäuser wurden besonders in den 1930er bis 1950er Jahren errichtet. Oft Bestandteil neu angelegter Wohngebiete, wiesen sie zumeist einfache, klare Kubaturen mit steil geneigten Satteldächern und geringen Dachüberständen auf. Die in der Regel großen, ursprünglich für die Selbstversorgung bestimmten Gärten bieten heute ausreichend Platz für eine Zusatzbebauung, was sich auch bei diesem Bauvorhaben als großer Vorteil erwies. Die kompakten Abmessungen der Häuser mit in der Regel deutlich unter 100 Quadratmetern waren für die damaligen Verhältnisse völlig ausreichend. Heutige Wohnansprüche, insbesondere von Familien mit Kindern, können sie jedoch nicht mehr erfüllen. Das war auch beim Haus dieser Familie der Fall. Sie erwarb ein weitgehend unverändertes Siedlungshaus in einem Augsburger Stadtteil, um näher am Arbeitsplatz zu sein und die in der Nachbarschaft wohnenden Eltern unterstützen zu können. Die erwachsenen Kinder sollten einen eigenen Lebensbereich auf den oberen Wohnebenen erhalten.

Mehr Licht, Platz und Durchgängigkeit

Neben der vollständigen Dämmung der Außenwände und des Dachbereichs war die Erneuerung der Fenster ein wichtiger Baustein der energetischen Sanierung. Insbesondere nach Süden, aber auch zur Aufwertung des ostseitigen Eingangsbereichs wurden die verglasten Fassadenausschnitte deutlich vergrößert. Die für diesen Haustypus – wie generell viele Altbauten – charakteristische Kleinräumigkeit brachen die mit der Umbauplanung beauftragten Planer von architekten filutowski schmuck auf, indem sie mehrere Wände entfernten. Auf der Gartenseite wurde ein nach Süden großflächig verglaster, eingeschossiger Anbau für Kochen und Essen in Split-Level-Manier an den Altbau angefügt. Von dort ist ein ebenerdiger Zugang auf die Terrasse und in den Garten möglich. Dank der entstandenen Durchgängigkeit wirkt der einige Treppenstufen höher gelegene Wohnbereich als Teil des Raumzusammenhangs.

Die quer zum Altbau platzierte Erweiterung mit flach geneigtem Dach und einer Fassade aus anthrazitfarbenen Faserzementplatten setzt sich stilistisch deutlich vom Bestand ab und zeigt somit ehrlich ihre Entstehungszeit, wobei die gemeinsame graue Farbgebung vieler Elemente die Bauteile visuell zusammenfügt.

Ein Reich für die junge Generation

Für die Tochter und den Sohn entstanden im Obergeschoss und unter dem Dach neue, sehr wohnliche Zimmer, ein Bad und ein eigener Koch-, Ess- und Wohnbereich, dessen Raumwirkung von den nun beträchtlichen Deckenhöhen profitiert. Eine gewendelte Treppe erschließt den zuvor nicht ausgebauten Dachraum mit dem Zimmer des Sohns und einem vorgelagerten, balkonartigen Sitzplatz. Die Privatheit des »Kindertrakts« wird durch die separate Erschließung von der Straßenseite an der Stelle des früheren Haupteingangs abgerundet. Das obere Geschoss kann später bei Bedarf auch für die Unterbringung einer Pflegekraft genutzt werden.

Dieses Projekt zeigt, wie sich ein einfaches, kompaktes Häuschen durch gezielte Eingriffe zeitgemäß umgestalten lässt, um eine offene Atmosphäre zu schaffen und gleichzeitig hochwertige Bereiche für die erwachsenen Kinder zu gewinnen.

RECHTE SEITE Altbau und Anbau wirken ungeachtet der unterschiedlichen Entstehungszeit als Einheit.

OBEN Zugangsbereich von der Straßenseite. Dieser Eingang wird primär von den Kindern genutzt.

UNTEN Die Erweiterung des Altbaus mit vorgelagerter Sonnenterrasse

LINKS Küche und Essbereich im Anbau

UNTEN LINKS Zwischen dem heutigen Wohnbereich im Altbau und der neuen Erweiterung überbrücken einige Treppenstufen den Niveauunterschied.

UNTEN RECHTS Neu gestalteter Haupteingangsbereich mit Garderobe

LINKS Küche im Obergeschoss des Altbaus

UNTEN LINKS Treppe zum Dachgeschoss

UNTEN RECHTS Renoviertes Badezimmer im Obergeschoss

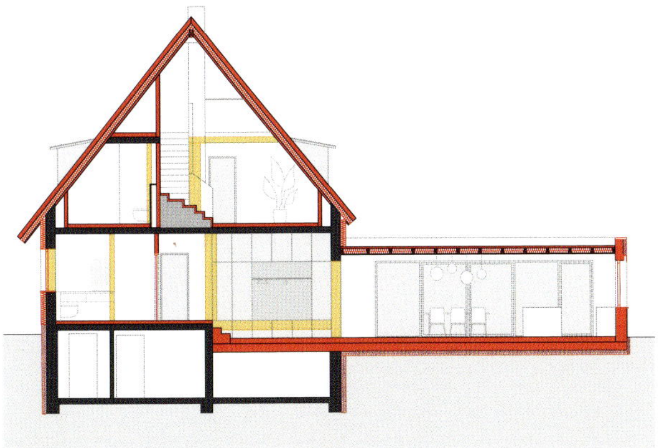

Schnitt

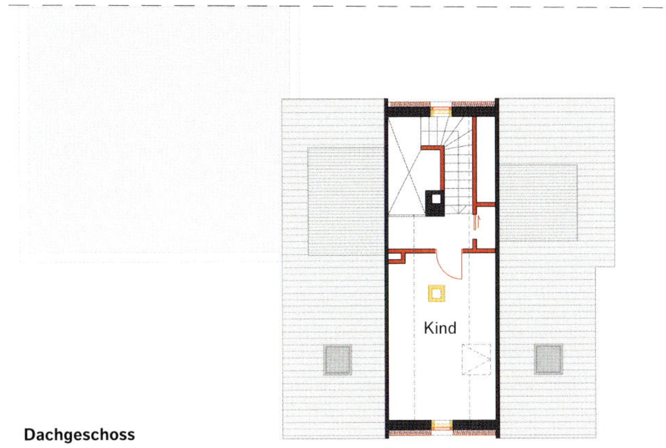

Dachgeschoss

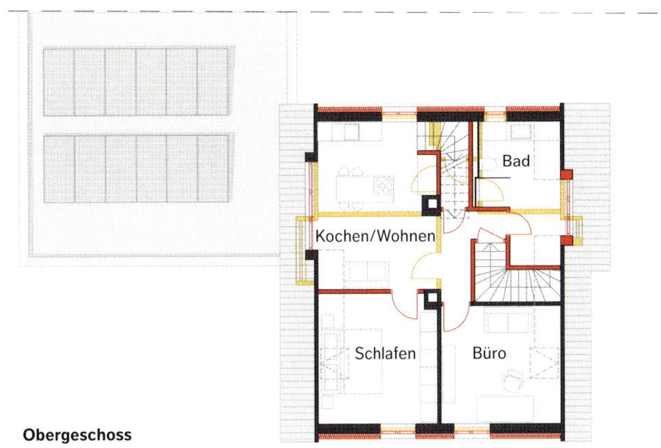

Obergeschoss

BAUDATEN

Standort Augsburg, Bayern

Ursprüngliche Erbauungszeit 1955

Fertigstellung Sanierung und Umbau 2023

Grundstücksgröße ca. 630 m²

Wohnfläche vor Sanierung ca. 128 m², nach Sanierung ca. 180 m²

Gesamtkosten brutto keine Angaben

Erdgeschoss

Wiederbelebung eines Reihenhauses

SANIERUNGS- UND UMBAUPLANUNG
Sven Wiebe Architekten, München

Im Süden von München konnten die heutigen Eigentümer ein Reihenendhaus aus den 1930er Jahren erwerben, das – wie die gesamte Gebäudezeile – den Zweiten Weltkrieg unbeschadet überstanden hat. Ungeachtet des sanierungsbedürftigen Gesamtzustands des Hauses war die wesentliche Substanz intakt. Der Architekt Sven Wiebe entwickelte zusammen mit den Bauherren ein Sanierungs- und Umbaukonzept, das einerseits dem Anspruch einer Denkmalsanierung entsprechen und gleichzeitig hohe ökologische und energetische Standards erreichen und einhalten sollte.

Bewahren, renovieren, anpassen

Zur Erhaltung und Wiederherstellung der historischen Atmosphäre wurden viele alte Elemente, darunter sämtliche Innentüren, der Dielen- bzw. Parkettboden in allen Räumen sowie die vom Erdgeschoss bis ins Dachgeschoss führende gewendelte Holztreppe erhalten und restauriert. Auch der Dachstuhl konnte dank seines guten Zustands einschließlich der – beim Umbau sichtbar belassenen – Kehlbalkenlage bewahrt werden. Die Gestaltung und Aufteilung eines noch erhaltenen bauzeitlichen Fensters und einer Terrassentür wurde für die neuen Eichenholzfenster zum Vorbild genommen, um dem historischen Erscheinungsbild wieder nahezukommen. Dabei wurden die Fassadenöffnungen teilweise angepasst – etwa durch die Verbreiterung des Küchenfensters auf der Straßenseite, passend zu den historischen Fenstern der Nachbarhäuser. Zwei rahmenlos wirkende Dachgauben belichten den ausgebauten Dachraum. Die deutlichste Veränderung im Äußeren erfolgte auf der Gartenseite, wo im Erdgeschoss ein Anbau entstand, dessen 5,50 Meter breite Panoramaverglasung den Garten wie einen Teil des Innenraums wirken lässt. Vom Dach- bis zum Erdgeschoss wurde von außen mit Holzfaser gedämmt, was zu einer deutlich verbesserten Energieeffizienz führte. Um eine ausreichende Dämmstärke zu erhalten, wurden die Dachsparren aufgedoppelt und zusätzlich mit einer Aufdachdämmung aus Holzfaser versehen. Insgesamt erreicht der Bau nun den Effizienzhausstandard 55 EE.

Offenheit und Transparenz

Ein wichtiger Aspekt bei der Umbauplanung war die Klärung der recht beengt wirkenden Grundrisssituation. Im Erdgeschoss entfernte man dazu die Innenwände zwischen Eingangsbereich, Diele und Küche, sodass nun im Koch- und Essbereich eine neue Offenheit herrscht. Im Anbau, der in Split-Level-Manier einige Stufen gegenüber dem Wohnbereich abgesenkt ist, wurde auf Wunsch der Bauherren ein 3 Meter langer, filigran wirkender Ortbeton-Tisch platziert, der zusammen mit dem Sichtestrich und den Betonstufen eine brutalistische Einheit bildet. Das Dachgeschoss wurde entkernt und bis unter den First geöffnet. Straßenseitig ergänzt ein Badezimmer die so entstandene Einraumstruktur. Der 5 Meter hohe Raum wirkt nun deutlich größer, als man erwarten würde.

Das Projekt zeigt, wie ein Reihenhaus wieder seine alte Würde erhalten und gleichzeitig baulich wie energetisch ein hohes Niveau erreichen kann.

RECHTE SEITE Ansicht von der Straße nach Sanierung und Umbau

LINKE SEITE Die Gartenseite mit dem eingeschossigen Anbau

OBEN Blick in die Küche; links davon ist die Haustür.

UNTEN Wohnbereich mit Fischgrätparkett

RECHTS Die gewendelte alte Eichentreppe wurde erhalten und aufgearbeitet.

UNTEN Im Dachgeschoss

RECHTE SEITE Der Esstisch aus Ortbeton in der neuen Erweiterung

Erdgeschoss

BAUDATEN

Standort München

Ursprüngliche Erbauungszeit 1930er Jahre

Fertigstellung Sanierung und Umbau 2023

Grundstücksgröße ca. 465 m²

Wohnfläche vor Sanierung ca. 115 m², nach Sanierung ca. 160 m²

Endenergiebedarf Effizienzhaus 55 EE

Gesamtkosten keine Angaben

vorher

Licht, offen, zeitgemäß

SANIERUNGS- UND UMBAUPLANUNG
Neil Dusheiko Architects, London

Der Stadtteil Islington im Nord von London und das charmante Haus aus den 1930er Jahren sollten zur neuen Heimat für die Bauherren werden. Der Architekt Neil Dusheiko übernahm die Aufgabe, das Gebäude an heutige Wohnansprüche anzupassen, mehr Bewegungsraum und eine freundliche, einladende Atmosphäre zu schaffen.

Bei der Umgestaltung des Bestands galt es, historisch prägende Elemente wie etwa das bleiverglaste Buntglasfenster im Obergeschoss zu bewahren und wiederherzustellen, gleichzeitig aber eine bessere Durchgängigkeit und eine optimierte Belichtungssituation zu erreichen. Dabei spielte der Einbau einer zentral situierten, skulptural wirkenden Wendeltreppe eine wichtige Rolle. Sie verbindet nicht nur die Geschosse und fügt sie gestalterisch wirkungsvoll zusammen, sondern versorgt über ein großes Dachfenster auch das ganze Haus mit natürlichem, weichem Licht und gewährleistet eine natürliche Belüftung.

Vielfältige Bezüge

Um den Wunsch nach einem großzügigen Raumzusammenhang erfüllen zu können, wurde das Gebäude gartenseitig mit einer Erweiterung versehen. Im Erdgeschoss nimmt diese mit dem Sichtziegelmauerwerk, dem Sheddach und den schwarz gesprossten Fenstern Elemente historischer Industriearchitektur auf, unter anderem von einem nahe gelegenen alten Lagerhaus. Die Sichtziegelfassade bildet zudem einen spannenden Kontrast zu den weißen Putzoberflächen des übrigen Gebäudes. Teils marode oder baulich unpassende Anbauten der jüngeren Vergangenheit auf der Gartenseite wurden entfernt.

Im Erdgeschoss entstand ein offener Raumzusammenhang mit langen Sichtachsen und im Anbau ein neuer Hauptaufenthaltsbereich für die Familie. Ein großes, dreieckiges Dachfenster verleiht dem Kochbereich einen einladenden Charakter. Gegessen wird direkt mit Blick in den Garten, wobei sich die Trennung zum Außenraum mittels großer Schiebelemente fast völlig aufheben lässt.

Auf Höhe der Zeit, nachhaltig gedacht

Ziel der Planung war keinesfalls eine repräsentative, effektheischende Modernisierung, sondern ein im besten Sinne zurückhaltendes und nachhaltiges Konzept. Dies schloss die weitestmögliche Erhaltung des Bestands ebenso ein wie den Einsatz natürlicher, bau-

OBEN UND RECHTE SEITE Gartenansicht bei Tag und am Abend. Die großen Glasflächen des Anbaus schaffen eine wunderbare Transparenz.

physikalisch und ökologisch hochwertiger Baustoffe, beispielsweise Kalkputze und Holzoberflächen, dazu die energetische Aufwertung durch den Einbau neuer Fenster und Dämmmaßnahmen. Eine Fußbodenheizung gewährleistet einen allzeit fußwarmen Aufenthalt im Erdgeschoss. Das Raumprogramm ist auf größtmögliche Flexibilität ausgelegt sowie auf eine zukünftige Anpassung an sich wandelnde Lebenssituationen. So steht im Erdgeschoss nun bei Bedarf ein Wohnbereich für die Großeltern bzw. ältere Personen zur Verfügung. Schiebetüren erlauben es, fallweise Räume zu separieren oder, wenn mehr Personen im Haus sind, zu öffnen. Auch die Zimmer und Bäder im Obergeschoss erfuhren eine grundlegende Neugestaltung, wobei die hohen Deckengewölbe besondere Wirkung entfalten.

Dieses Umbauprojekt zeigt, wie ein Altbau zurückhaltend und hochwertig renoviert und mit neuen Qualitäten versehen werden kann.

LINKS UND UNTEN Das dreieckige Dachfenster versorgt die Küche im Anbau mit reichlich natürlichem Licht.

LINKE SEITE Ausblick vom Koch- und Wohnbereich in den Garten

OBEN Sichtachse vom Flur zum Ess- und Wohnbereich in der Erweiterung

RECHTS Essplatz mit Ausblick

RECHTS Skulptural geformte Treppe als Blickfang

UNTEN LINKS Erhaltenes Bleiglasfenster im Obergeschoss

UNTEN RECHTS Eine große Dachverglasung belichtet den Treppenbereich.

OBEN LINKS Blick durch das Obergeschoss

OBEN RECHTS Im Dachgeschoss

UNTEN Schlafzimmer im Obergeschoss

BAUDATEN

Standort Islington, London
Ursprüngliche Erbauungszeit 1934
Fertigstellung Sanierung und Umbau 2024
Grundstücksgröße ca. 350 m^2
Wohnfläche nach Sanierung ca. 410 m^2
Gesamtkosten keine Angaben

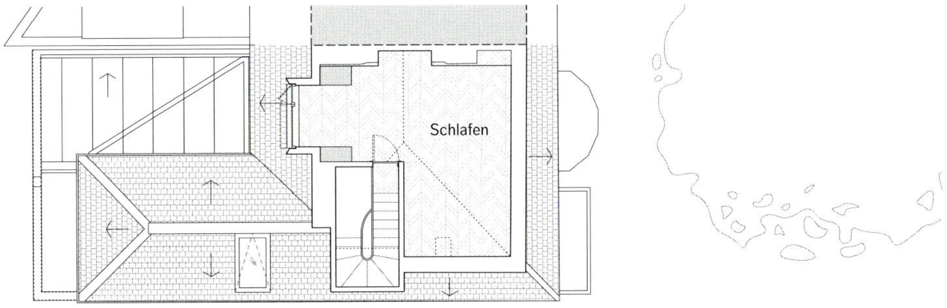

Dachgeschoss

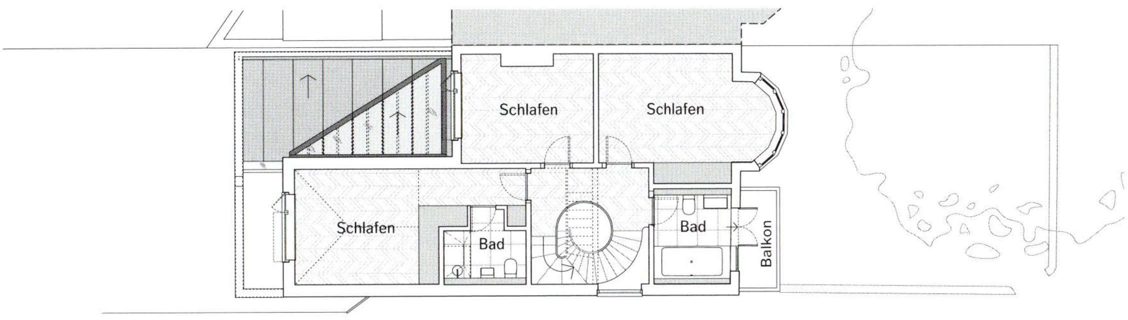

Obergeschoss

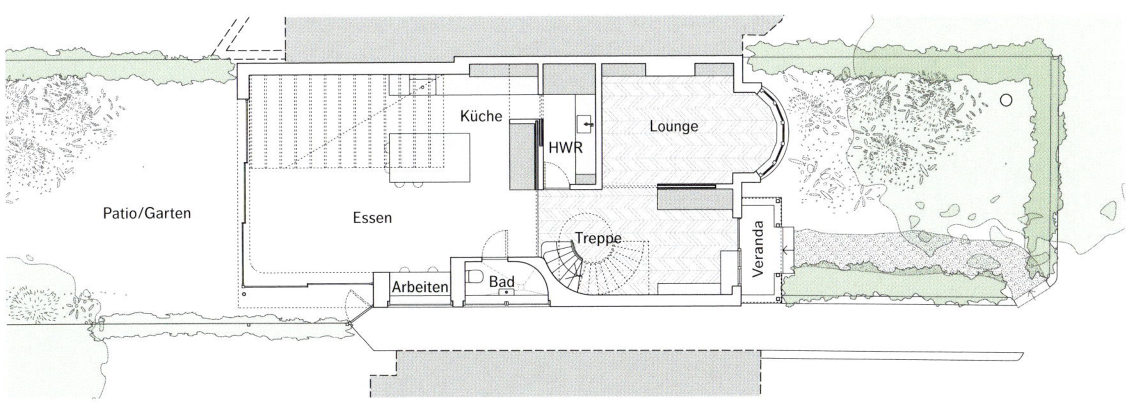

Erdgeschoss

Reduziertes Wohnen im früheren Stall

SANIERUNGS- UND UMBAUPLANUNG
Spooren Architekten, Gütersloh

Das idyllisch in der Naturlandschaft gelegene Einfamilienhaus aus den 1990er Jahren war für den Bauherrn allein zu groß geworden. Als dann die erwachsene Tochter die Frage stellte, ob sie mit ihrem Mann und den beiden Kindern von Berlin in das Haus zurückziehen könne, war dies der Startschuss zur Verwirklichung eines Mehrgenerationenprojekts. Allerdings war es dem Bauherrn wichtig, dass die junge Familie wie auch er selbst bei aller gewünschten Nähe eine gesunde Distanz wahren konnten. So kam die Idee auf, einen sanierungsfähigen ehemaligen Schweinestall auf dem Areal umzunutzen.

Die Entscheidung zur Sanierung des Stalls anstelle eines Abrisses und Neubaus hatte ihren Grund nicht zuletzt darin, dass dem Bauherrn Nachhaltigkeit seit jeher sehr wichtig war und der Bestand Potenzial für die neue Nutzung aufwies. Die mit 39 Quadratmetern Nutzfläche geringe Größe änderte nichts an dem Vorhaben, denn das Ziel war ohnehin eine bewusste Reduktion auf das Wesentliche. Und zudem stand im Keller des Hauptgebäudes ausreichend Lagerraum für unverzichtbare Gegenstände zur Verfügung. Die Sanierungs- und Umbauplanung übernahmen Spooren Architekten, die insbesondere wegen ihrer großen Erfahrung mit Altbauten hinzugezogen wurden. Gleichzeitig begann der bedarfsgerechte Umbau des Wohnhauses.

Singlehaus in alten Mauern

Der Stall befand sich grundsätzlich in gutem baulichem Zustand, jedoch waren natürlich Anpassungen an die Wohnnutzung erforderlich. Eine betonierte, gedämmte Bodenplatte schützt nun vor Feuchtigkeit und Kälte. Die Backsteine des alten Bodens wurden gesäubert, teils für eine spätere Weiternutzung als Terrassenbelag gelagert und teils wiederverwendet, so zum Aufmauern eines neuen Bads und Schlafzimmers. Die Klinkeraußenwände erhielten eine innen liegende Schale aus Porenbetonsteinen, die abschließend mit Lehmputz versehen wurde. Einige Fassadenpartien wurden verändert, beispielsweise erhielt die südliche Giebelseite große Fenster. Alle neuen Fenster besitzen Dreifach-Wärmeschutzverglasungen. Dank der Aufsparrendämmung aus Holzweichfaser war es möglich, die bestehenden Dachsparren im Innenraum sichtbar zu halten. Gedeckt wurde das Dach wieder mit den größtenteils intakten, 120 Jahre alten Bestandsdachplatten.

Die Erdgeschossdecken wurden unter Beibehaltung der historischen Balkenlage entfernt, um trotz kleiner Fläche ein großzügiges Wohngefühl zu schaffen. Kochen, Essen und Wohnen bilden einen offenen Raumzusammenhang mit perfekt gesetzten Aus- und Durchblicken, die das Leben im kleinen Haus zum großen Erlebnis machen.

Die Wärmeversorgung erfolgt mittels einer Elektro-Flächenheizung, gespeist von der auf dem Hauptgebäude installierten Photovoltaikanlage bzw. über einen Ökostrom-Anbieter, ergänzt um einen Scheitholzofen im Wohnbereich. Ein maroder Schuppen auf der Westseite wurde durch einen neuen Anbau für Technik und Lager ersetzt.

RECHTE SEITE Ansicht des Stalls nach dem Umbau

OBEN Eingangsseite mit neuem Anbau

MITTE Gesamtansicht von Osten

UNTEN Koch- und Essbereich. Die südliche Giebelseite öffnet sich mit einer großen Terrassentür zum Garten.

OBEN Kleine Fläche, großzügige Wirkung: Nur Bad und Schlafzimmer sind abgetrennte Räume.

LINKS Blick vom Eingang zum Wohnbereich

UNTEN Die Wände von Schlafzimmer und Bad bestehen aus wiederverwendeten Ziegelsteinen. Mit der Leiter gelangt man zur kleinen Galerie.

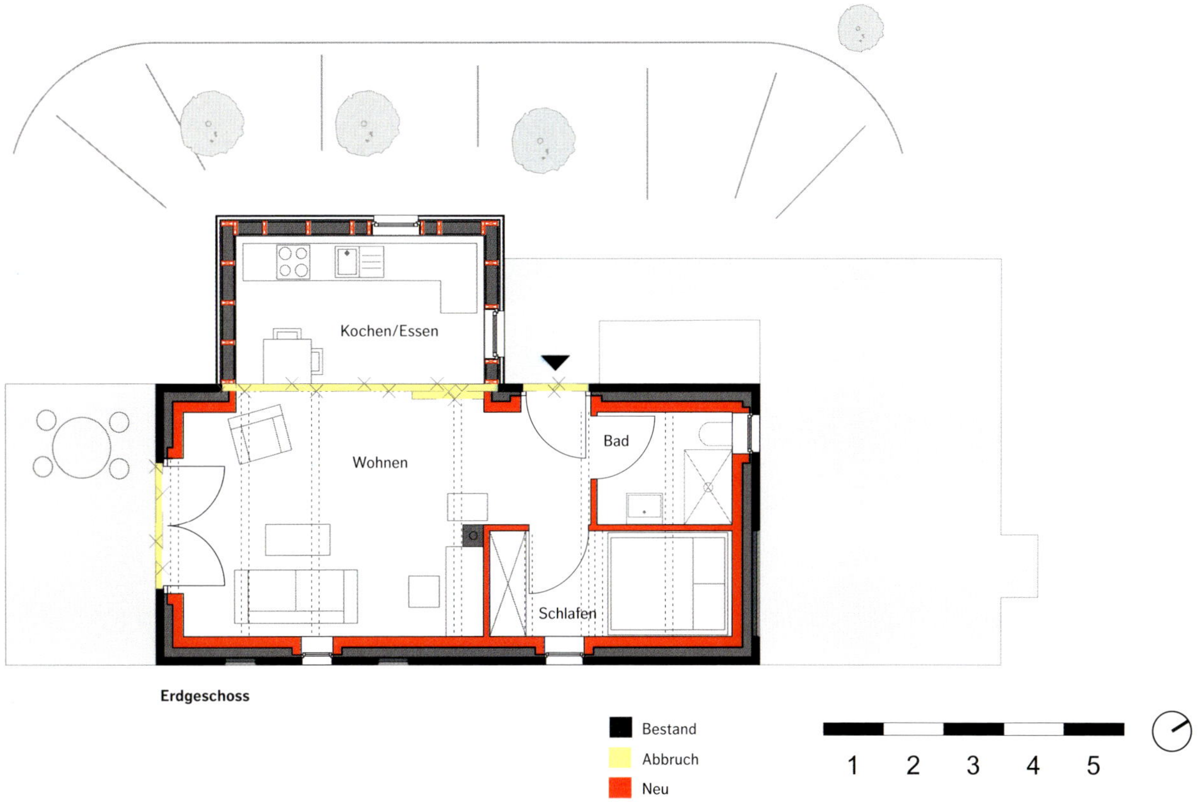

Erdgeschoss

BAUDATEN

Standort Versmold, Nordrhein-Westfalen

Ursprüngliche Erbauungszeit 1902

Fertigstellung Sanierung und Umbau 2024

Grundstücksgröße ca. 5.180 m²

Wohnfläche Nutzfläche vor Umbau ca. 39 m², Wohnfläche nach Umbau ca. 43 m²

Endenergiebedarf nach Sanierung 23 kWh/m²a

Gesamtkosten keine Angaben

LINKS Das Badezimmer

Selbstversuch in Eigenleistung

SANIERUNGS- UND UMBAUPLANUNG
Piertzovanis Toews, Basel

Schöne alte Scheunengebäude üben einen besonderen Reiz auf viele Menschen aus und wecken den Wunsch, sie zum Wohnen herzurichten. Die außergewöhnliche Atmosphäre, die das Leben und Arbeiten vieler Generationen widerspiegelt, ist ein Schatz, den zu heben sich ein junges Ehepaar vorgenommen hatte. Die beiden beschlossen, die 2012 von ihren Eltern erworbene Bruchsteinscheune in einem Pfälzer Weinbauerndorf zu sanieren und für sich und ihre beiden Kinder als Wohnhaus auszubauen.

OBEN Außenansicht der Scheune

RECHTE SEITE Die gelbe Loggia bildet als Außen- im Innenraum zugleich den Eingangsbereich. Direkt anschließend liegt der Essplatz.

Beim Arbeiten lernen

Das im 19. Jahrhundert errichtete Gebäude war weitgehend unverändert und hatte seine Ursprünglichkeit behalten. Für die Umnutzung zum Wohnen waren allerdings größere Veränderungen notwendig. Die Bauherren beauftragten das Basler Architekturbüro Piertzovanis Toews mit der Entwurfs- und Eingabeplanung. Damit war es jedoch nicht getan, denn nicht zuletzt aufgrund begrenzter Finanzmittel wollten die Bauherren die meisten der Um- und Ausbauarbeiten selbst erledigen. Da sie zu Beginn kaum handwerkliche Kenntnisse besaß, kam es zu einem Planungs- und Bauprozess der etwas anderen Art. Die Planenden wurden zu Partnern, die im Wechselspiel mit dem Ehepaar Ideen entwickelten, sie auf ihre Umsetzbarkeit überprüften und gleichzeitig als Ratgeber in der Umsetzung fungierten, mit praktisch täglichem Austausch. Nicht nur dies, die Architekten stellten den Bauherren auch genaue, illustrierte Schritt-für-Schritt-Bauanleitungen zur Verfügung – Verwirrungen und Verirrungen nicht ausgeschlossen. Doch mit der Zeit wuchsen die Ehepartner in die Baupraxis hinein und eigneten sich erstaunliche Kenntnisse an – vom Verlegen der Heizschleifen für die Fußbodenheizung über das Schleifen und Versiegeln der Estrichböden, die Verlegung der Sanitär- und Elektroleitungen, das Errichten und Beplanken der Holzständer-Innenwände bis zum Bau der Treppen.

Neue Räume hinter Bruchstein

Dicke Bruchsteinmauern, Fachwerk und Lehmziegel prägen die Scheune, deren äußeres historisches Erscheinungsbild beim Umbau praktisch unverändert blieb. Dank des insgesamt guten Zustands der Bausubstanz lag das Augenmerk auf dem Innenausbau. Dazu wurde das Bruchsteinmauerwerk innen mit mineralischen, diffusionsoffenen Dämmplatten und abschließendem Kalkputz versehen. Das Dach erhielt eine Aufsparrendämmung und eine neue Dachdeckung. Neue Fassadenöffnungen durften aus denkmalrechtlichen Gründen nur an drei Stellen gesetzt werden, daher fiel die Entscheidung, zusätzliches natürliches Licht durch ein neues, über die gesamte

Gebäudelänge geführtes Oberlicht hereinzuholen. Die bestehenden Öffnungen wurden auf der Innenseite neu verglast.

Die beiden Schlafräume befinden sich an den entgegengesetzten Enden der L-förmigen Anlage. Eine lebhafte Farbigkeit – Rot, Grün, Gelb und Lila – akzentuiert die unterschiedlichen Funktionsbereiche wie Schlafzimmer und Badezimmer. Um die baugeschichtlichen Veränderungen nachvollziehbar zu halten, bewahrte man auch vorhandene Niveauunterschiede, so die gegenüber dem Wohnbereich um 50 Zentimeter abgesenkte Küche und die um 1,70 Meter über Küchenniveau angelegten Kinderzimmer – also ein Split-Level-Grundriss der besonderen Art.

Ein gelungenes und ideenreiches Beispiel für die Bewahrung und Inwertsetzung alter Dorfscheunen zum Wohnen, mit gestalterischem Anspruch und hohem Anteil an Eigenleistung.

LINKE SEITE Der neue Kamin aus gewaschenem Beton schließt an die bestehenden Holzstützen an und trennt Wohn- und Essbereich.

OBEN Auch das Mobiliar wie etwa das rote Sofa wurde von den Architekten entworfen. Die zylinderförmige Hängeleuchte besteht aus geschliffenen, gestrichenen Plexiglasplatten, die an einem Korb aus Stahldraht befestigt sind.

UNTEN Das lange Dachfenster über dem Eingangsbereich schenkt dem Wohn- und Essbereich angenehmes Tageslicht.

LINKE SEITE Das »Haus« mit integrierter Sitzbank, Elternschlafzimmer, Bad, WC und Treppe wurde mit Sperrholz verkleidet und rot gebeizt.

OBEN Den aus zwei wiederverwendeten Holzböcken und vier U-Glas-Profilen bestehenden Esstisch haben die Architekten entworfen und die Bauherren gefertigt.

LINKS Blick vom Zwischengeschoss. Weiß gestrichene Sperrholzplatten auf den erhaltenen Sparren bilden die Dachuntersicht.

OBEN Die einheitlich blaue Farbe des Elternschlafzimmers erzeugt eine ruhige und intime Stimmung.

UNTEN LINKS Übergroße Fenster auf der Innenseite der bestehenden Öffnungen halten das alte Mauerwerk sichtbar.

UNTEN RECHTS Blick vom Wohnzimmer in die Küche

vorher

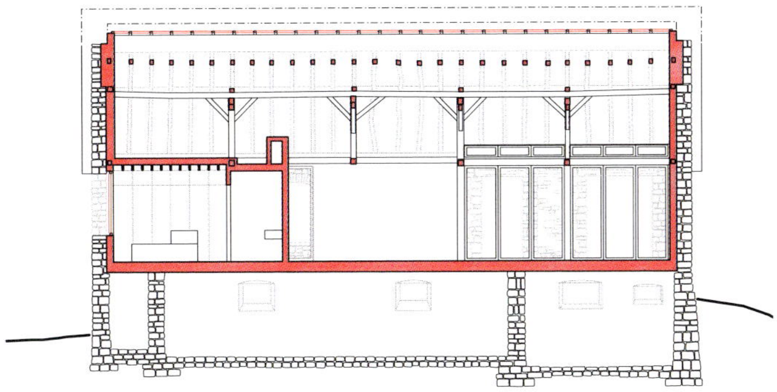

Schnitt

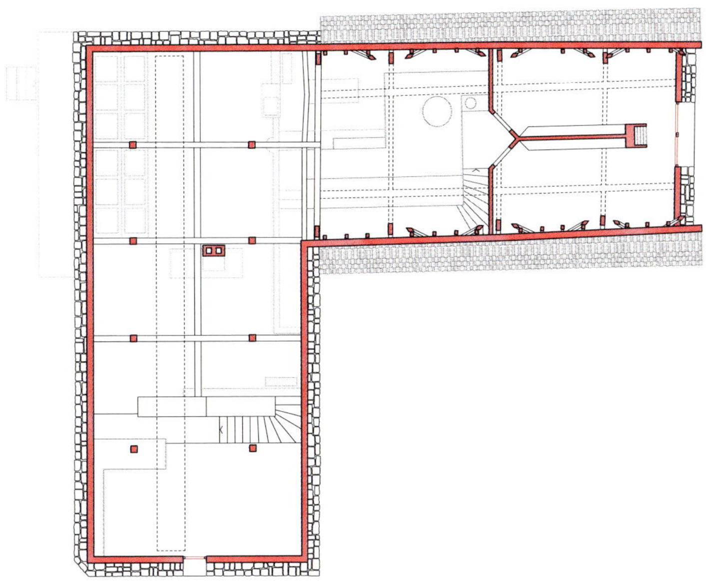

Obergeschoss

Erdgeschoss

BAUDATEN

Standort Albisheim, Rheinland-Pfalz

Ursprüngliche Erbauungszeit 19. Jahrhundert

Fertigstellung Sanierung und Umbau 2024

Grundstücksgröße ca. 285 m²

Wohnfläche ca. 190 m²

Gesamtkosten ca. 450.000 €

Gläserner Anbau am Bauernhof

SANIERUNGS- UND UMBAUPLANUNG
The New Komma Architecture, Schenna

Denkmalgeschützte Gebäude wie der altehrwürdige Ausserrothhof bei Meran stellen bei der Sanierung und Erweiterung besondere Anforderungen an die Planung. Das Südtiroler Architekturbüro The New Komma nahm die Herausforderung an und entwickelte gemeinsam mit der Bauherrschaft und in enger Abstimmung mit den Bau- und Denkmalbehörden ein Konzept, das Alt und Neu in klarer Abgrenzung, aber dennoch harmonisch zusammenfügt.

Neue Architektur, neue Qualitäten

Das Ziel der leicht zur Hanglinie verdreht positionierten Wohnraumerweiterung war in erster Linie, durch große, rahmenlose Dreifachverglasungen einen fast ungehinderten Ausblick auf die Landschaft mit den eigenen Weinbergen zu schaffen. Das begrünte Flachdach des eingeschossigen Baukörpers trägt dazu bei, den Neubau in die Landschaft einzufügen, der große Dachüberstand schützt vor Regen und dient der sommerlichen Beschattung. Mit der gestockten Struktur des Sichtbetons wurde die grobe Kalkputzstruktur des Altbaus aufgegriffen, zudem kam, wie traditionell in der Region üblich, Lärche als Bauholz zur Verwendung. Die Verbindung zum Altbau stellt eine Art gläserne Schleuse her, die beiden Baukörpern ihre gestalterische Eigenständigkeit lässt und für natürliche Belichtung sorgt. Zusätzliche Spannung erhält der neue Einraum durch seine Split-Level-Struktur, die dem Geländeverlauf angepasst ist. Der Fußbodenbelag aus Lärchenholz setzt sich visuell nahtlos auf der Terrasse fort, was den Übergang zwischen innen und außen noch unmerklicher erscheinen lässt. Im Außenraum ersetzt eine natürliche Wiesenlandschaft einen angelegten Garten.

Den Bestand wieder herausarbeiten

Der zumindest in Teilen um oder bereits vor 1775 errichtete Ausserrothhof selbst wurde in einigen Bereichen saniert und teils behutsam durch Einbauten ergänzt. Zu nennen sind hier insbesondere die Freilegung der alten Rauchkuchl, die Sanierung der Gewölbetreppe und vor allem der historischen Stube. Nach der Restaurierung der Wandtäfer aus Fichtenholz, der Kassettendecke mit Medaillon und des alten Kachelofens erstrahlt der Raum erneut in vollem historischem Glanz, unterstützt durch die historischen Ausstattungsgegenstände.

An der Gestalt des Hofs hat sich abgesehen von der Erweiterung nichts geändert. Jedoch wurde das Äußere des zweigeschossigen, traufseits zum Tal stehenden Gebäudes mit seinen verputzten Natursteinmauern, den hochwertigen Fassadenmalereien, kleinen Fassadenöffnungen und Holzsprossenfenstern teilweise restauriert. Ferner wurde im Zuge der Maßnahmen die Energieversorgung für Alt- und Neubau auf eine Pellet-Zentralheizung umgestellt.

Der Ausserrothhof zeigt exemplarisch, wie sich ein historisches Gebäudes so erweitern lässt, dass Alt und Neu ein stimmiges Ganzes bilden und dabei ihre gestalterische Eigenständigkeit bewahren. Hervorzuheben sind auch die harmonische Einbettung in die Umgebung und die gelungene Sanierung von historischen Wertigkeiten im Altbau.

RECHTE SEITE Die Erweiterung fügt sich harmonisch in den Landschaftsverlauf ein.

OBEN Ansicht der Erweiterung von Westen

UNTEN LINKS Der Dachüberstand schützt vor Witterungseinflüssen.

UNTEN RECHTS Der einheitliche Belag sowie die großen, fast rahmenlosen Verglasungen verschmelzen Innen- und Außenraum visuell.

RECHTS Die gläserne »Schleuse« fügt Alt- und Neubau zusammen, belässt aber deren gestalterische Eigenständigkeit.

OBEN Ansicht des Altbaus von Nordosten

RECHTS Sanierte Stube
im Bauernhof

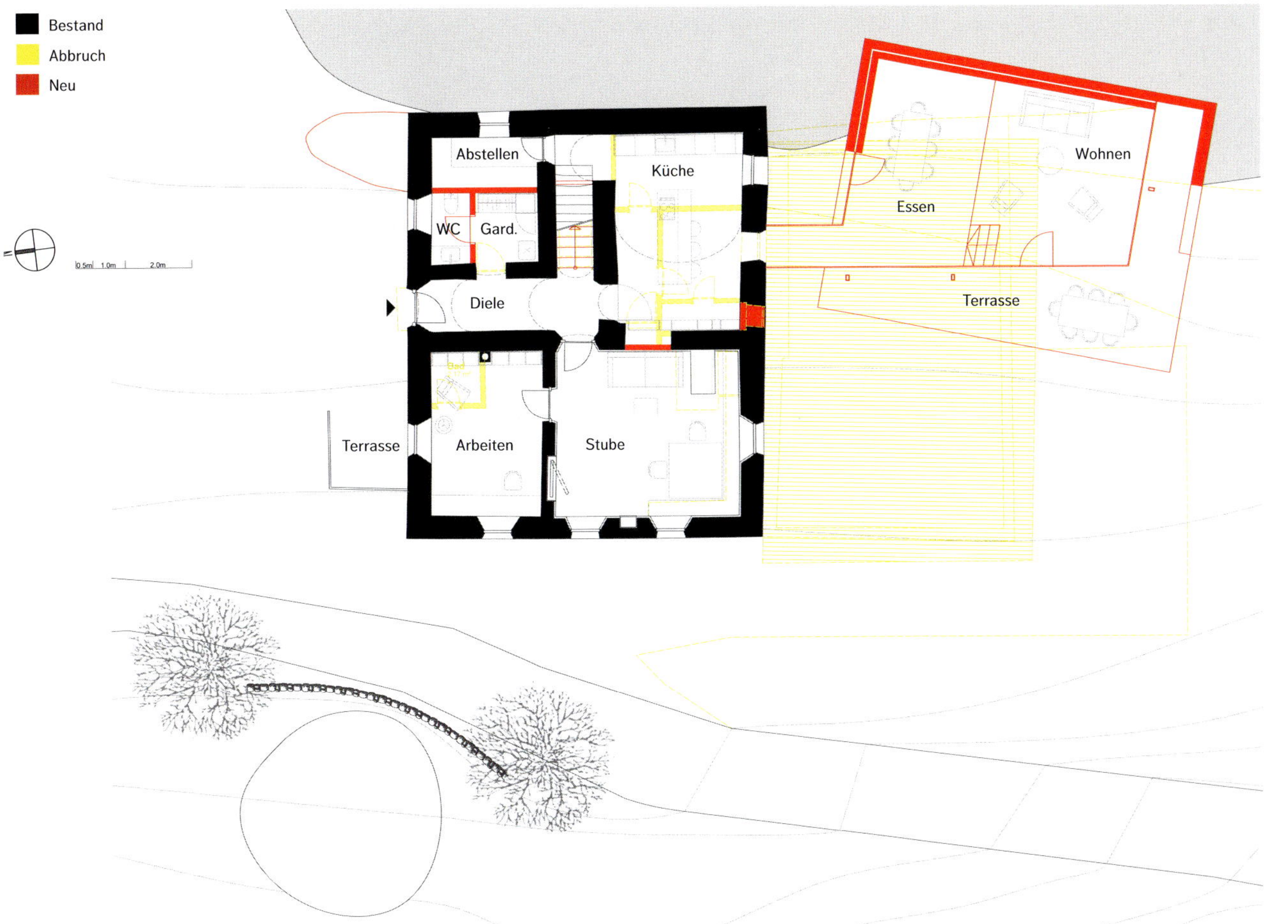

Erdgeschoss

BAUDATEN

Standort Schenna, Südtirol, Italien

Ursprüngliche Erbauungszeit um/vor 1775

Fertigstellung Sanierung und Erweiterung 2024

Grundstücksgröße (nur Hausumgriff) ca. 1.500 m²

Wohnfläche vor Sanierung ca. 678 m², nach Sanierung ca. 796 m²

Endenergiebedarf Altbau ca. 90 kWh/m²a, Erweiterung ca. 30 kWh/m²a

Gesamtkosten ca. 450.000 €

LINKS Sanierter Treppenaufgang im Altbau

RECHTS Übergang vom Altbau zur neuen Erweiterung

Gezielte Eingriffe, große Wirkung

SANIERUNGS- UND UMBAUPLANUNG
Architektin Sophie Frank, Stuttgart

Eine Doppelhaushälfte aus dem Jahr 1978 erhielt durch relativ wenige, jedoch sinnvolle Veränderungen gleichsam ein neues Leben. Das Elternhaus des Bauherrn verleugnet nach dem Umbau seinen Ursprung nicht, passt nun aber gestalterisch und bautechnisch in die heutige Zeit. Da das Gebäude mit einer Wohnfläche von 178 Quadratmetern für zwei Personen ausreichend bemessen war, ging es hier nicht um Raumgewinn, sondern um die Steigerung der Wohnqualität.

Gute Substanz punktuell sanieren

Als das Bauherren-Ehepaar die Architektin Sophie Frank kontaktierte, hatte es gleich das Gefühl, auf einer Wellenlänge zu liegen. Da auch die eingebrachten Ideen und Skizzen überzeugten, stand einer Zusammenarbeit nichts im Wege. Bei der Untersuchung der Bausubstanz stellte sich schnell heraus, dass diese grundsätzlich intakt war und keine statischen oder Feuchteprobleme an Beton- und Mauerwerksteilen vorlagen. Ebenso war das Dach über die Jahre dicht geblieben und der Dachstuhl in gutem Zustand. Bei der kompletten Erneuerung des Dachaufbaus wurde die alte Mineralwolldämmung entfernt, fachgerecht entsorgt und durch eine ökologische, bauphysikalisch sinnvolle Holzweichfaserdämmung ersetzt. Deren lange Wärmedurchgangszeit sorgt nicht zuletzt auch bei Hitze für eine angenehme Temperatur im Dachgeschoss. Neue Dachfenster und eine große, kubisch geformte Gaube zur Straßenseite holen viel Licht herein und schaffen zusätzlichen Bewegungsraum, unter anderem für die Erweiterung des Badezimmers. Der große Dachraum wird zum Arbeiten, als Ruhezone und als Fitnessbereich genutzt. Die dunkelbraunen Faserzementplatten im Traufbereich und auf der Giebelseite störten den Gesamteindruck und wurden entfernt, die neue Regenrinne ist klar und filigran gestaltet. Metallteile sind ebenso wie die neuen Fenster außen in einem hellen Grauton gehalten, die Putzfassade wurde auf allen drei Seiten weiß gestrichen. So verliert auch der gartenseitige Balkon seine zuvor etwas dominante Anmutung. Auf der Eingangsseite entfernte man das überdimensionierte Betonvordach und arbeitete die intakte Massivholztür auf. Auch sie zeigt sich nun in einem hellen Grau anstelle des ursprünglichen dunklen Brauns.

Kreativität statt Wegwerfmentalität

Auch im Hausinneren galt das Motto, Bewahrenswertes zu erhalten und dort zu erneuern, wo die Wohnqualität dies erforderte. Das begann bereits beim Eingangsbereich: Aus einer zuvor unangenehm beengten

OBEN Ansicht des Hauses mit der Eingangsseite

RECHTE SEITE Gartenansicht nach dem Umbau

Situation wurde durch die Verlegung der Garderobe ein offenes, helles Foyer, das sowohl von der großflächigen Verglasung zur Küche Richtung Westen als auch von der stimmungsvollen künstlichen Belichtung profitiert. Der hochwertige helle, reizvoll marmorierte Travertinboden wurde erhalten und aufgearbeitet. Beim Treppengeländer wurden die bauzeittypischen Handlaufabrundungen begradigt – ein gutes Beispiel dafür, dass nicht jedes Bauteil ersetzt werden muss, sondern sich auch durch kleine Maßnahmen optimieren lässt – angewandtes Upcycling. Das Treppenhaus wurde geöffnet, neue Dachfenster von oben versorgen es nun mit natürlichem Licht, zusätzlich akzentuiert von einer außergewöhnlichen Hängeleuchten-Konstruktion. Die massiven Innentüren mit Blockzargen wurden erhalten, jedoch abgeschliffen und weiß statt dunkelbraun gestrichen. Gut erhaltene Fliesen- und Tonplattenbeläge versah man mit einer PU-Beschichtung, das Eichenparkett im Wohn- und Essbereich wurde abgeschliffen und mit Weißpigmentöl behandelt, wodurch ein heller, freundlicher Gesamteindruck entsteht. Wichtig war der Architektin und den Bauherren im Hinblick auf die angestrebte Durchgängigkeit auch die Verlegung der Küche, die um 90 Grad gedreht und zum übrigen Erdgeschoss geöffnet wurde. Durch den Abbruch einer Fensterbrüstung vergrößerte sich das westliche Fenster, was für eine verbesserte Raumhelligkeit sorgt. Der planerische Kniff, den neuen Küchenschrank in das Eckfenster zu integrieren, lässt die Fenster größer wirken und reflektiert das Licht. Kochen, Essen und Wohnen bilden nun im Erdgeschoss eine ineinander übergehende Einheit, mit gemeinsamer Orientierung zum Garten und zur Sonne durch die großen neuen Verglasungen.

Dieser Umbau ist ein perfektes Beispiel dafür, wie viele gute Ideen zu einem überzeugenden Gesamtergebnis führen und den großen »Rundumschlag« ersetzen können.

LINKS Eine neue Gaube auf der Eingangsseite verbessert die Belichtung des Dachbereichs.

OBEN Küche mit Ausblick in den Garten

UNTEN Wohn-, Ess- und Kochbereich bilden eine Einheit.

OBEN Das neue Foyer wirkt hell und großzügig.

LINKS Die Treppe wurde neu gestaltet und dadurch aufgewertet.

RECHTS Bad im Obergeschoss

OBEN Im Dachgeschoss

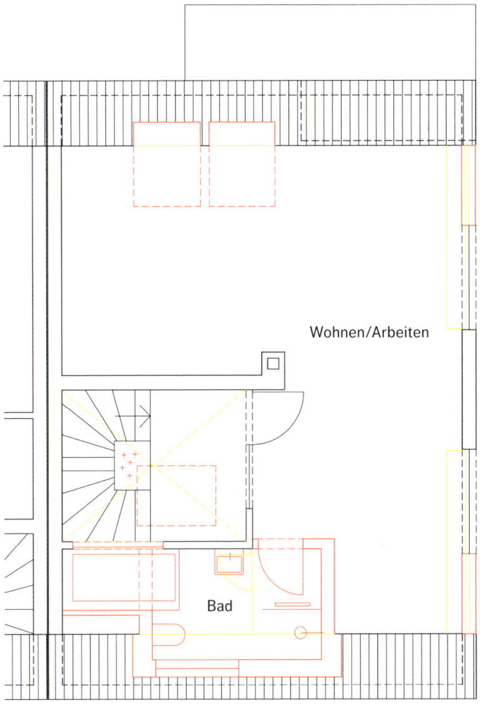

Obergeschoss

BAUDATEN

Standort Stuttgart

Ursprüngliche Erbauungszeit 1978

Fertigstellung Sanierung und Umbau 2021

Grundstücksgröße ca. 440 m^2

Wohnfläche vor Sanierung ca. 178 m^2, nach Sanierung ca. 183 m^2

Endenergiebedarf vor Sanierung 167 kWh/m^2a, nach Sanierung 101 kWh/m^2a

Gesamtkosten brutto ca. 450.000 €

vorher

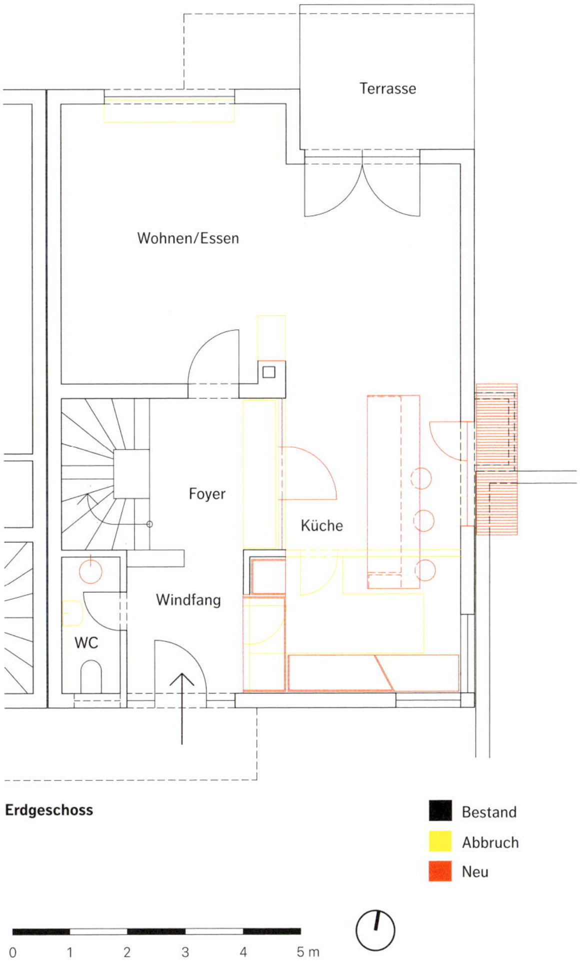

Erdgeschoss

Bungalow im Mid-Century-Modern-Stil neu erleben

SANIERUNGS- UND UMBAUPLANUNG
sein.architektur, Lübeck

Dieses Projekt kann in gewissem Sinne als Erfüllung einer Jugendliebe bezeichnet werden. Der Bauherr wohnte als Kind mit seinen Eltern nur wenige Schritte entfernt von dem Bungalow, den er schon damals bewunderte und vor einigen Jahren schließlich erwerben konnte. Vorher in Hamburg wohnend, war der Entschluss gereift, für die Familie mit drei Kindern ein Zuhause zu suchen, das ihnen Platz zum Spielen bieten konnte. Als dann der Bungalow bei Rendsburg mit seinem großen Garten zum Verkauf stand, griffen die Bauherren sofort zu.

Umsichtige Anpassung

Die beauftragten Architektinnen Ilka Jensen und Jovana Jagodić vom Büro sein.architektur verstanden schnell, dass die Bauherren den Bungalow sehr schätzten und ihn im Grunde erhalten wollten. Sie wünschten sich jedoch eine zeitgemäßere Raumaufteilung, mehr Licht und Durchgängigkeit. Es erwies sich als vorteilhaft, dass der Vorbesitzer einige Jahre zuvor bereits die bautechnisch notwendigsten Arbeiten durchgeführt hatte, etwa die Sanierung und Dämmung des Dachs. So konnte man sich zunächst auf die Neugestaltung der Innenräume konzentrieren. Wichtig war allen Beteiligten dabei, die besondere Atmosphäre sowie zeittypische Elemente zu bewahren, etwa die weißen Putzoberflächen, die dunkelbraunen Fenster und nicht zuletzt den Split-Level-Grundriss mit dem zum Essbereich einige Stufen abgesenkten Wohnzimmer.

Neu sind mehrere punktuelle Maßnahmen, die jedoch große Wirkung entfalten. Dazu zählen die Verlegung des Zugangs zum Kinderbad und die Öffnung der Diele zum Essbereich durch eine breite Schiebetür. Vor allem aber sorgen mehrere Eingriffe für eine nachhaltige Verbesserung der Belichtungssituation – beispielsweise das neue bodentiefe Fenster in der zuvor recht dunklen Küche, die panoramaartige Vergrößerung der Fensterfläche auf der Nordwestseite des Wohnzimmers durch ein Schiebeelement und zwei neue Dachflächenfenster in der Diele, die dadurch zum freundlichen Wohnbereich wird. Die Sichtmauerwerkswand dort wurde beim Umbau weiß verschlämmt.

In Zukunft ist eine Vergrößerung der Wohnfläche durch eine Erweiterung im Süden geplant, die im Grundriss bereits berücksichtigt ist. Sie soll ein Schlafzimmer für die Eltern schaffen und an die Diele ein Arbeitszimmer anschließen, um die Situation für das Arbeiten zu Hause zu verbessern. Zur Vorbereitung dieser Maßnahme wurde das ostseitige Fenster im Ankleidezimmer bereits geschlossen. Der geplante Anbau ist ebenso zurückhaltend wie die bereits durchgeführten Veränderungen und belässt den Grundcharakter des Bungalows.

Der funktional durchdachte Ansatz bei der Modernisierung dieses Bungalows zeigt, wie unter Bewahrung der Eigenheiten und mit überschaubarem Einsatz an Zeit, Arbeit und Finanzmitteln ein überzeugendes Ergebnis entstehen kann.

OBEN Eingangsseite des Bungalows

RECHTE SEITE Gartenansicht mit Sonnenterrasse

LINKS Blick durch die neu gestaltete Diele in den Garten

UNTEN Die neue Küche haben die Architektinnen geplant.

RECHTE SEITE Vom Essplatz gesehen liegt der Wohnbereich einige Stufen tiefer.

OBEN Essbereich und Küche befinden sich auf einer Ebene. Die Schiebetür rechts führt zur Diele.

UNTEN Im Wohnbereich wurde beim Umbau das Panoramafenster auf der Westseite (rechts) neu eingefügt.

Erdgeschoss

BAUDATEN

Standort bei Rendsburg, Schleswig-Holstein

Ursprüngliche Erbauungszeit 1967

Fertigstellung Sanierung und Umbau 2023

Grundstücksgröße ca. 1.100 m^2

Wohnfläche vor/nach Sanierung ca. 143 m^2, nach geplanter Erweiterung ca. 182 m^2

Gesamtkosten keine Angaben

Vierseithof mit außergewöhnlicher Wohnqualität

SANIERUNGS- UND UMBAUPLANUNG
Engelbrecht Architekten, Triftern

Mit dem Übergang in den Ruhestand entschieden die Künstler Cordula Utermöhlen und Roland Dierenberger sich für einen radikalen Neuanfang: den Abschied von der Großstadt München und den Umzug aufs Land. Ziel war es, mehr Platz für die eigene künstlerische Arbeit zu haben und gleichzeitig ein kommunikativeres Leben zu führen. Nach intensiver Suche fanden die beiden im oberfränkischen Bad Rodach einen Vierseithof – Liebe auf den ersten Blick. Im September 2021 begann der Umbau. Aus dem lange leer stehenden Hof entstand ein neues Zuhause, das sich zugleich als Ort für Gäste, Kunst und Kultur eignet. Die Größe und Vielfalt der Gebäude ermöglichte es, Wohnen, Arbeiten und kulturelle Aktivitäten miteinander zu verbinden. Gemeinsam mit der Architektin Andrea Engelbrecht wurde das Ensemble zu einem lebendigen Kulturort umgestaltet. So dient die Arkade im Sommer als Veranstaltungsraum, die Scheune beherbergt eine Kunstgalerie, das Obergeschoss des alten Wohnhauses eine Ferienwohnung und das Erdgeschoss ein Maleratelier, in dem auch Kurse stattfinden. Der ehemalige Kuhstall wurde zu einem Wohnloft umgebaut.

Große Kubatur, viele Möglichkeiten

Der stattliche, ortsbildprägende Vierseithof besteht aus zwei schieferverblendeten Wohngebäuden, einem angrenzenden großen ehemaligen Stall aus Backstein und Fachwerk sowie einer Scheune und einem alten Schweinestall, vor dem sich eine Art Arkade befindet. Diese wird unter anderem für die von den Eigentümern organisierten Kinoabende und Veranstaltungen genutzt. So entstand wie gewünscht schnell ein guter Kontakt mit den Dorfbewohnenden, aber auch vielen Interessierten aus der Region.

Die Gebäude wurden von der Architektin zunächst auf Schäden hin untersucht. Da sich die bauliche Substanz als weitgehend gut herausstellte, konnte man sich hinsichtlich der Sanierung auf Ausbesserungsarbeiten wie die Freilegung der alten Sandsteinwände beschränken. Es ging also primär darum, die Nutzungsmöglichkeiten abzuwägen und Vorschläge für Umbaumaßnahmen zu entwerfen. Die vorhandenen, während der 1980er Jahre in die historischen Wohnbereiche eingebauten Gästewohnungen sollten erhalten bleiben, die Eigentümer konnten sie mit wenig Aufwand attraktiv renovieren.

Daher fiel die Entscheidung, den angrenzenden alten Stall zum Wohnen für die Bauherren umzunutzen. Durch das Herausnehmen der vorhandenen Kappendecke über dem ehemaligen Stall entstand hier eine wunderbare Atmosphäre. Der nun bis zum neu verglasten Dachfirst geöffnete Raum wird von einer Brückenkonstruktion überspannt, die die beiden Schlafbereiche und das Bad im Obergeschoss verbindet. In dem vom Innenhof her erschlossenen Erdgeschoss befinden sich Wohnen und Essen, die Küche ist davon abgetrennt. Eine von der Architektin geplante »Ofentreppe« verbindet die Wohngeschosse.

Umbau des Stalls zum Wohnen

So überschaubar die bauliche Sanierung im Bestand war, so anspruchsvoll gestalteten sich die Maßnahmen beim Umbau des Stalls zum Wohnhaus. Vor der Umgestaltung des Innenraums galt es zunächst, die alte Welleternitdeckung durch Trapezblech zu ersetzen. Das Dach würde über den Dachsparren mit Holzweichfaserplatten gedämmt, wodurch es möglich war, die historische Dachkonstruktion sichtbar zu halten. Die Verglasung des Dachfirsts als weiterer Arbeits-

RECHTE SEITE OBEN Straßenansicht nach abgeschlossener Sanierung

RECHTE SEITE UNTEN Der in Backstein-Sichtmauerwerk errichtete frühere Stall wurde zum Wohnen umgenutzt.

30

schritt sorgt für eine großzügige Belichtung, wenngleich mit einigem Aufwand verbunden. Die Um- und Einbauten der vergangenen Jahrzehnte wurden rückgebaut, sodass die ursprünglichen Sandsteinwände nun sichtbar sind und Zeugnis von der Handwerkskunst vergangener Jahrhunderte ablegen. Sie haben großen Einfluss auf die Wirkung einiger Räume, wie der Küche, des großen Wohnraums und eines Bads. Im Zuge des Rückbaus wurde auch das Bodenniveau von historischem Wohnhaus und ehemaligem Stall weitgehend angeglichen. Ferner wurde auf dem vorhandenen Estrich eine Fußbodenheizung eingebracht und darauf ein Dielenboden verlegt. Neben einer Pellet-Zentralheizung dient der mit Holzscheiten betriebene Grundofen unter der Treppe als zusätzliche Wärmequelle. Die Außenwände erhielten eine innenseitige diffusionsoffene Holzweichfaserdämmung, die mit Kalkputz versehen ist. Alte, im Lauf der Zeit zugemauerte Fensteröffnungen wurden wieder freigelegt und geöffnet sowie teilweise zum Boden hin verlängert. Die hier eingebauten neuen Holzfenster wurden den noch erhaltenen und jetzt restaurierten Stallfenstern nachempfunden, wie übrigens auch diejenigen im historischen Wohnteil.

Es ist ein wahres Raumwunder entstanden mit beeindruckender, dennoch puristischer Innenarchitektur und wohltuend intimem Außenraumerlebnis im großen Innenhof.

LINKE SEITE Der Innenhof besitzt eine intime Atmosphäre, links ist der umgestaltete Stall zu sehen.

LINKS Der neue Hauseingang

UNTEN Eine Dachverglasung versorgt das Obergeschoss des ehemaligen Stalls mit weichem Licht.

OBEN Vom Stall zum loftartigen Wohnraum. Die historische Holzkonstruktion wurde dafür mit Stahlteilen statisch verstärkt.

RECHTE SEITE OBEN Blick durch den Wohnraum zum Eingang

RECHTE SEITE UNTEN Treppe um den Ofen mit integrierter Sitzbank

OBEN LINKS Bad im Erdgeschoss

OBEN RECHTS Sichtachse vom Büro zum Wohnraum

LINKS Kunstvoll gestaltetes Bad im Obergeschoss

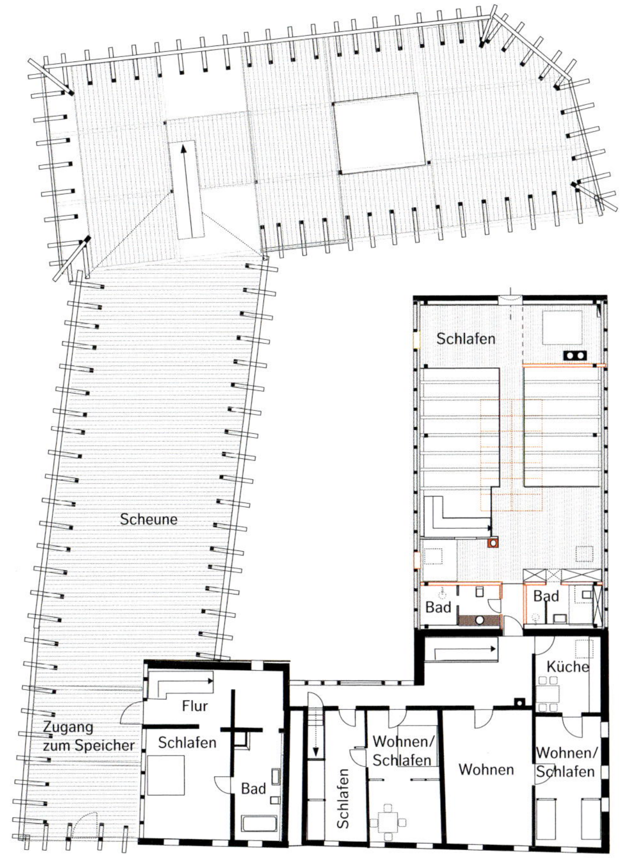

Obergeschoss

Erdgeschoss

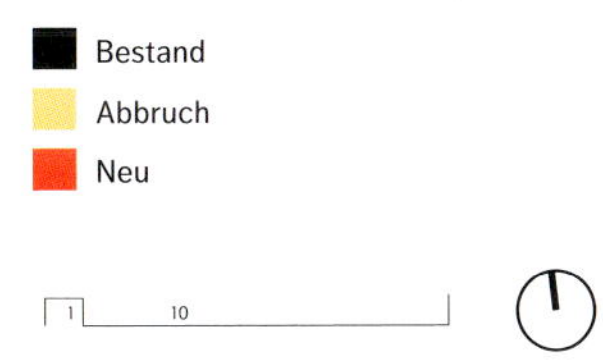

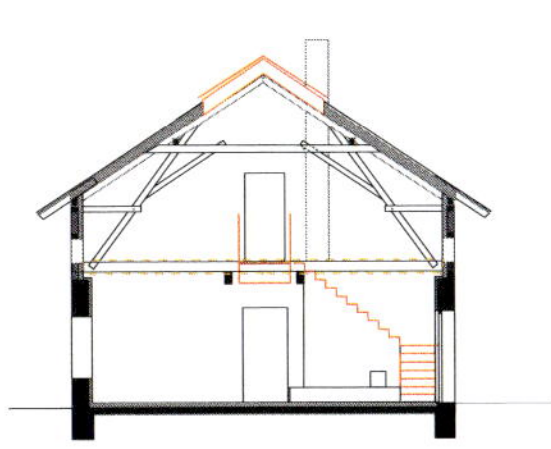

Schnitt

BAUDATEN

Standort Roßfeld, Bayern

Ursprüngliche Erbauungszeit historische Wohngebäude wohl 18. Jahrhundert, Stall um 1900, Scheunen älter

Fertigstellung Sanierung und Umbau 2023/2025

Grundstücksgröße ca. 1.000 m²

Wohnfläche vor Sanierung ca. 318 m², nach Sanierung ca. 468 m²

Endenergiebedarf vor Sanierung 420 kWh/m²a, nach Sanierung 97 kWh/m²a

Gesamtkosten keine Angaben

Vom Kellerschwimmbad zur Designerwohnung

SANIERUNGS- UND UMBAUPLANUNG
Architektin Sophie Frank, Stuttgart

Bei sehr großen Immobilien stellt sich häufig die Frage, wie diese sich heute vernünftig und kosteneffizient umgestalten und nutzen lassen. Auch bei diesem Einfamilienhaus in der Nähe von Stuttgart, dessen Ursprünge auf die 1930er Jahre zurückreichen, suchten die Erben nach einer guten Lösung mit architektonischem Anspruch. Sie fanden hierfür die Architektin Sophie Frank, die aus den insgesamt vier Geschossen drei Wohnungen machte. Die reizvollste, da ungewöhnlichste Variante stellte dabei der Umbau des Untergeschosses mit dem stillgelegten Schwimmbad dar.

Vom Problemfall zur Lichtgestalt

Der Umbau des Untergeschosses konnte als größte Herausforderung bezeichnet werden – sowohl hinsichtlich des Sanierungsbedarfs als auch des gestalterischen Umnutzungskonzepts. Auf den ersten Blick sah manches im 1974 eingebauten und 1985 aufgestockten Schwimmbadteil mit mehreren Garagen, Technikraum und düsterem Gewölbekeller, zwei Zimmern und Bad noch gut aus. Doch während der Bauuntersuchung und vor allem der Sanierungsarbeiten offenbarten sich immer mehr Mängel wie Feuchteschäden und Rost. Der Großteil dieser Probleme war durch unsachgemäße Bauausführung mit zudem absperrenden, nicht diffusionsoffenen Materialien wie Kunststoffputzen entstanden. Hierfür fand die Architektin nach dem Entfernen schadhafter Bauteile bautechnisch sinnvolle und preiswerte Lösungen zur künftigen Vermeidung von Bauschäden, beispielsweise eine im Bereich von Garderobe bzw. Foyer vor die Wände gesetzte gelochte Gipsplatte, die die Luft zirkulieren lässt und gleichzeitig unschöne technische Installation verdeckt.

Pool als Zentrum der Wohnung

Das Konzept der Architektin bestand darin, den Schwimmbadraum nicht zu verstecken, sondern vielmehr zum gestalterischen Zentrum der Wohnung zu machen. Vor Beginn der Arbeiten war die Situation hier geprägt von maroden, abgesackten Styropordecken und schadhaftem Strukturputz, im Becken selbst hatte sich unter der Kunststofffolie Rost gebildet, der entfernt und mit Rostschutzmittel behandelt werden musste. Zur Verbesserung des Raumgefühls wurde der Beckenboden um etwa 20 Zentimeter angehoben, die Wände des gesamten Raums erhielten einen neuen, feuchtigkeitsunempfindlichen Kalkzementputz. Eine marode Treppe wurde abgebrochen. Vor allem aber konnte die Belichtung und Außenorientierung mit Durchbrüchen zum Garten stark aufgewertet werden. Mittels Spezialbohrern entstanden beim Sitzplatz drei neue Bullaugenfenster – ein augenzwinkernder Verweis auf die von Wasser geprägte Vergangenheit –, die bestehenden Fassadenöffnungen erhielten neue Fenster mit Öffnungsflügeln. Das mit rotem Linoleum ausgelegte Becken avancierte zur Küche mit freigestellter Kochinsel, zwei Treppen verbinden sie mit dem höher gelegenen Essplatz und den übrigen Räumen. Die Travertinumrandung des Beckens blieb erhalten, der neue Rundstahlhandlauf erinnert an diejenigen in Schwimmbädern. Die Brüstungsfüllung besteht aus transluzenten Polycarbonat-Wellplatten – eine günstige Alternative zu Glas. Der nun wunderbar helle Essplatz besitzt direkten Gartenbezug. Weiterhin wurde ein vormaliger Durchgang zwischen den Garagen zum neuen Wohnungseingang, der frühere Technikraum zur Garderobe. Ein ganz besonderer Blickfang ist jedoch der vormals dunkle und unattraktive Gewölbekeller, der sich zu einem stimmungsvollen Badezimmer gewandelt hat. Hier wurde unter anderem das Badfenster zu einem Lichtschacht vergrößert, sodass mehr Tageslicht einfällt, zusätzlich ist der Schacht weiß gestrichen.

Dieses mit Ideen gespickte Projekt beweist, dass auch zum Wohnen scheinbar ungeeignete Bereiche mit guter Planung und kreativem Konzept völlig neue Qualitäten erhalten können.

OBEN Die Vertiefung für das frühere Schwimmbad wurde zum Kochbereich.

OBEN Blick durch den Raum. Die lichtdurchlässigen Brüstungsfüllungen sind aus Polycarbonatplatten.

OBEN Essbereich mit neu geschaffenen Bullaugenfenstern

LINKS Treppenaufgang von der Küche

UNTEN Neues Badezimmer im Gewölbekeller

BAUDATEN

Standort Korntal-Münchingen bei Stuttgart

Ursprüngliche Erbauungszeit 1933, Erweiterungen 1974 und 1985

Fertigstellung Sanierung und Umbau 2022

Grundstücksgröße ca. 953 m²

Wohnfläche Gesamtgebäude vor Sanierung ca. 299 m², nach Sanierung ca. 370 m²; Wohnfläche Schwimmbad-Wohnung neu ca. 143 m²

Gesamtkosten ca. 575.000 € (gesamtes Gebäude)

vorher

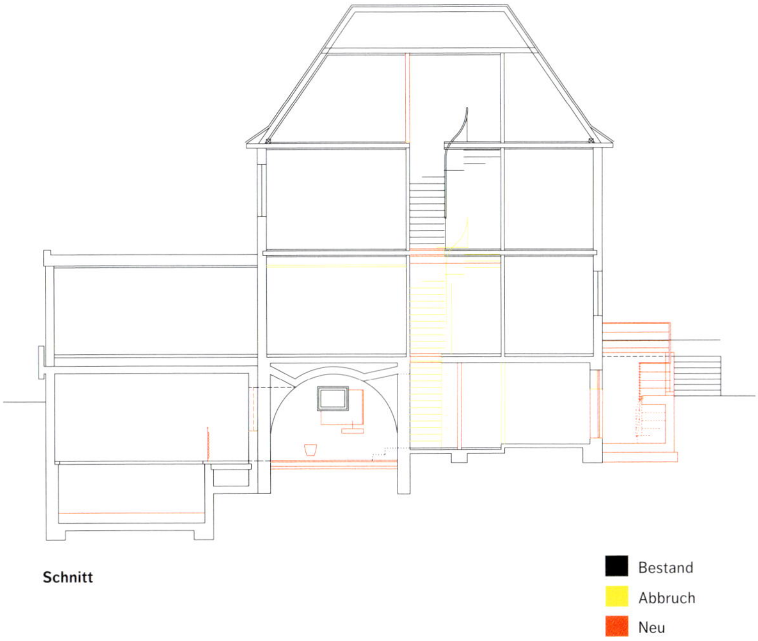

Schnitt

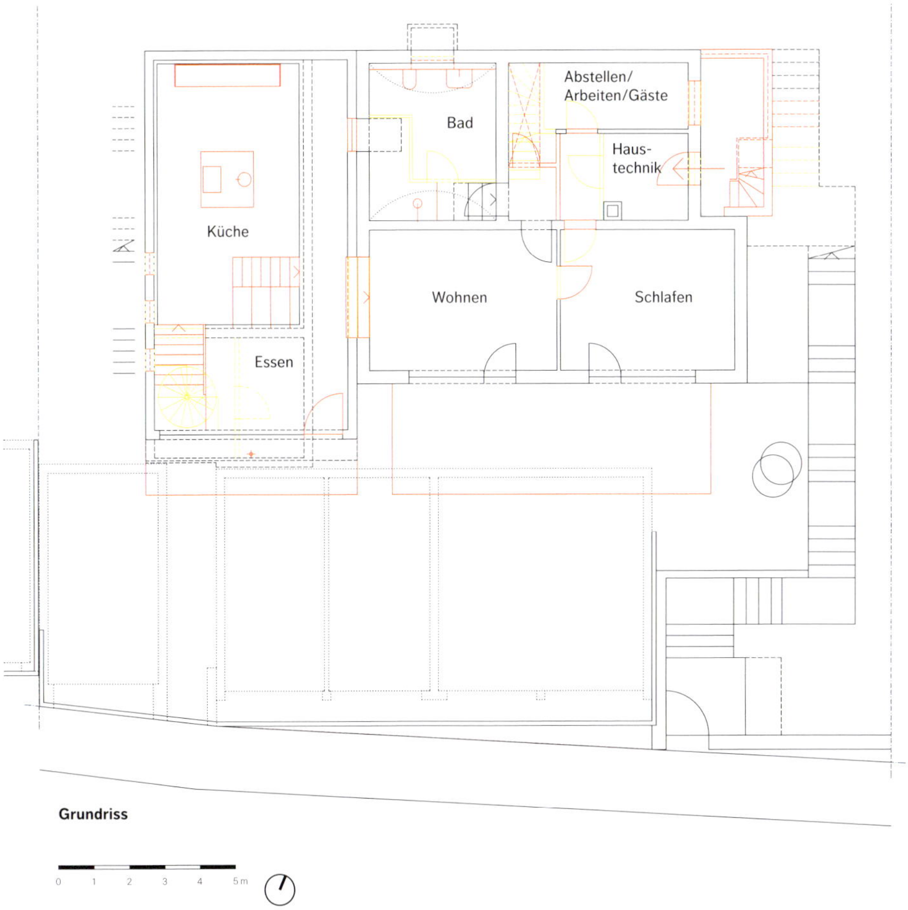

Grundriss

Mehr Platz, mehr Entspannung

SANIERUNGS- UND UMBAUPLANUNG
mm architekten – Martin A. Müller, Hannover

In Hannoveraner Ortsteil Kirchrode hatte eine Familie mit Kindern 2019 ein großzügiges Einfamilienhaus gebaut. Vor einiger Zeit kam nun der Wunsch auf, zusätzlichen Wohnraum für Gäste und einen weiteren Arbeitsplatz zu schaffen, da beide Ehepartner viel zu Hause arbeiten. Man nahm daher wieder Kontakt mit dem Architekten Martin A. Müller auf, der das Wohnhaus geplant hatte.

Schnell kam man in den Gesprächen zu dem Schluss, dass ein vorgelagerter Anbau den Räumen das Tageslicht nehmen und sie zu Durchgangszimmern machen würde. Darüber hinaus würde damit der Gesamteindruck der Bestandsarchitektur gestört. Zudem empfanden die Bauherren eine gewisse räumliche Distanz zu Gästewohnung und Büro durchaus als vorteilhaft. Schnell fiel so die Entscheidung, eine frei stehende Erweiterung im Garten zu realisieren, ergänzt um einen Pool mit umlaufender holzgedeckter Terrasse. Das neue Gebäude dient fallweise auch als Poolhaus.

Platz optimal nutzen

Der neue Baukörper und der Pool nehmen die nordwestliche Seite des Grundstücks ein, die so unter Einhaltung der vorgegebenen Abstandsflächen zum Nachbargrundstück vollständig ausgenutzt wird. Der pavillonartige Flachdachbau ist mit der Längsseite parallel zur Traufseite des Hauptgebäudes platziert, und zwar in einem Abstand, der jegliche gegenseitige Verschattung ausschließt. Das westliche Gartenareal mit der großen Wiesenfläche bleibt so frei für ein großes Trampolin und Spiele aller Art.

Der zum Hauptgebäude und zum Pool großflächig verglaste Pavillon präsentiert sich im Inneren als Einraum mit Wohn-, Ess- und Kochbereich sowie dem Arbeitsplatz, lediglich das kompakte Bad mit WC bildet eine abgeschlossene Einheit.

Ein architektonisch vorbildhaftes Beispiel dafür, wie sich auf einem großen Grundstück neue Nutzungen realisieren lassen, ohne in den Bestand eingreifen zu müssen.

OBEN Hauptgebäude mit frei stehender Erweiterung und Schwimmbecken

RECHTE SEITE Neubau vom Wohnhaus gesehen

LINKS UND UNTEN
Große Fenster sorgen für viel Tageslicht im Wohnbereich mit Küchenzeile und Arbeitsplatz.

Grundriss

BAUDATEN

Standort Hannover

Ursprüngliche Erbauungszeit Hauptgebäude 2019

Fertigstellung Erweiterung 2023

Grundstücksgröße ca. 1.100 m^2

Wohnfläche Hauptgebäude ca. 190 m^2, Erweiterung ca. 35 m^2

Endenergiebedarf Erweiterung 78 kWh/m^2a

Gesamtkosten keine Angaben

Wie Phönix aus der Asche

SANIERUNGS- UND UMBAUPLANUNG
Bauatelier Metzler, Frauenfeld/Hüttwilen

Denkmalgeschützte Häuser haben keinen leichten Stand. Selbst bautechnisch kaum beeinträchtigte Gebäude fallen oftmals dem Gewinninteresse von Investoren oder der Unkenntnis privater Bauherren zum Opfer, wenn der politische Rückhalt oder das behördliche Stehvermögen fehlen. Dieses Beispiel aus dem Kanton Thurgau beweist nachdrücklich, dass selbst schwerste Schädigungen kein Hindernis für eine Sanierung sein müssen, sofern auf allen Seiten Wille und Sachkenntnis vorhanden sind.

Ausgebrannt, aber noch am Leben

Das ehemalige Gasthaus Sonne, das seit Langem als Wohnhaus genutzt wurde, fiel im Jahr 2019 beinahe einem Brand zum Opfer, der die zugehörige Scheune komplett vernichtete und im Wohnhaus große Schäden anrichtete, besonders im Bereich des Dachstuhls, der Geschossdecken und teilweise an der südlichen Außenwand. Mit der Sanierung wurde das Bauatelier Metzler beauftragt, das gleichzeitig die Planung für einen Neubau anstelle des früheren Wirtschaftsgebäudes übernahm und eng mit den Bauherren, Baubehörden und der Denkmalpflege zusammenarbeitete. Im Altbau befinden sich nun zwei großzügige Wohneinheiten, im Neubau entstanden zwei kleine, seniorengerechte Wohnungen.

Durch Feuer und Rauchentwicklung war das Fachwerk des Haupthauses geschwärzt, aber der Großteil der Außen- und auch ein Teil der Innenwände widerstand dem Feuer und behielt seine Tragfähigkeit, da die Konstruktionshölzer nur oberflächlich anbrannten. Auch ein Teil der Balkenlage konnte bewahrt und bei der Sanierung mit neuen Balken ergänzt werden. Der Dachstuhl wurde weitgehend erneuert, gedämmt und wie vormals mit Biberschwanzziegeln gedeckt. Zur Belichtung des zum Wohnen ausgebauten Dachgeschosses erhielt das Dach klar gestaltete, stehende Rechteckgauben. Der Großteil des übrigen Innenausbaus einschließlich der Treppen, Deckenlagen bzw. Böden, der meisten Innenwände und Innenoberflächen musste erneuert werden.

Abbild der Geschichte

In seiner äußeren Gestalt führte man das Anwesen auf seine historische Form zurück. Die Fenstergewände wurden je nach vorhandenem Bestand mit Holz oder Sandstein ausgeführt, die gesprossten und in einem hellen Grauton gehaltenen Holzfenster sind nun dreifach verglast. Ebenfalls dem historischen Befund folgend wurden die Holzfensterläden geschreinert und dunkelgrün gestrichen. Das alte Türblatt des straßenseitigen Eingangs, das den Brand überstanden hatte, kam wieder zum Einsatz und wurde zu einer energetisch zeitgemäßen Konstruktion aufgedoppelt. Die Außenwände erhielten zur Optimierung des Wärmeschutzes einen Dämmputz auf Kalk-Zement-Basis.

Nach Abschluss der Maßnahme zeigt sich die ehemalige Dorfwirtschaft äußerlich im Grunde wieder wie vor dem Brand, mit verbesserten energetischen Qualitäten und mit neuem Wohn- und Nutzwert im Inneren.

OBEN Der sanierte Altbau mit dem neu errichteten Holzbau

RECHTE SEITE Garten- und Straßenansicht nach Sanierung mit Um- und Neubaumaßnahmen

OBEN Alt und Neu im Zusammenspiel

UNTEN LINKS Giebelansicht des Neubaus

UNTEN RECHTS Fassadenausschnitt des Altbaus nach der Sanierung

OBEN In der südlichen Wohnung im Neubau

UNTEN Wohngeschoss mit erhaltenen Fachwerkteilen

LINKS UND UNTEN Die Wohneinheiten zeichnen sich durch die gelungene Mischung von alten Elementen, wie den Balken, und neuen Elementen, wie den Bodenbelägen, aus.

BAUDATEN

Standort Kanton Thurgau, Schweiz

Ursprüngliche Erbauungszeit Altbau im Kern vor 1834, heutige Gestalt um 1920/1930

Fertigstellung Sanierung und Umbau 2022

Grundstücksgröße ca. 4.250 m²

Wohnfläche Altbau vor Sanierung ca. 450 m², nach Sanierung ca. 530 m²

Gesamtkosten keine Angaben

Obergeschoss

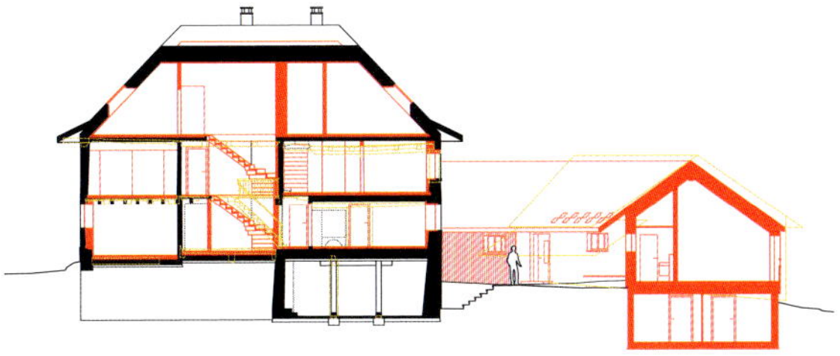

Schnitt

Erdgeschoss

Bestand
Abbruch
Neu

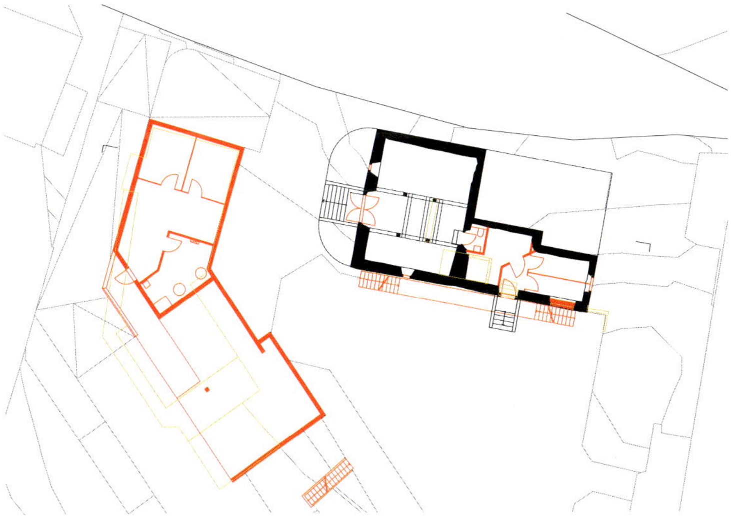

Untergeschoss

vorher

Von der Kirche zum Familienheim

SANIERUNGS- UND UMBAUPLANUNG
Tuckey Design Studio, London

Vor allem infolge der seit Jahrzehnten abnehmenden Zahl an Gläubigen stehen in weiten Teilen Europas, so auch in Deutschland, Österreich und der Schweiz, Tausende von Kirchen leer. Um diese nicht dem Verfall anheimzugeben, braucht es zunächst von Seiten der Eigentümer – zumeist der Kirche – tragfähige Konzepte zur Vermarktung. Ziel muss es dabei sein, geeignete Käufer zu finden, die bereits sind, die Kulturgüter mit ihren architektonischen Wertigkeiten zu erhalten bzw. diese wiederherzustellen und die Gebäude behutsam an die Erfordernisse einer Wohnnutzung anzupassen. Aufgelassene, ausgesegnete Kirchen sind prädestiniert für Bauherren, die das Besondere suchen und loftartige Räume mit hohen Decken und offenem Grundriss lieben – so auch im Fall der Bauherren, die im englischen West Devon aus einem entweihten Gotteshaus ein wunderschönes Reich für ihre Familie schufen.

Den Charakter bewahren und wieder herausarbeiten

Die Familie beauftragte das Londoner Architekturbüro Tuckey Design Studio mit der Sanierungs- und Umbauplanung. Hinsichtlich der Herangehensweise stimmte man darin überein, dass das in jüngster Zeit innenräumlich veränderte Gebäude sein altes Erscheinungsbild und seine Würde zurückbekommen sollte, die notwendigen Anpassungen sollten mit größter Sensibilität vorgenommen werden. Zu den ersten Maßnahmen gehörte daher die Entfernung unsachgemäßer Einbauten der letzten Jahrzehnte, die den großen, offenen Charakter des Gotteshauses verunklart hatten. So kommt der Raum mit seinen – teilweise ergänzten – Backsteinmauern und -partien sowie der sichtbar gehaltenen Tragkonstruktion aus Holz wieder als Ganzes zur Geltung. Ein Scheitholzofen mit Sitzbank und Stauraum fungiert als Raumteiler zwischen Ess- und Wohnbereich.

Bei aller Liebe zum loftartigen Leben bedurfte es jedoch auch abgeschlossener Räume für Eltern und Kinder. Diese wurden vor allem in der ehemaligen Krypta geschaffen, mit direktem Zugang zu einem intimen Höfchen. Eine neue Treppe führt zu einem weiteren Zimmer mit Arbeitsbereich auf der oberen Ebene. Im Untergeschoss wie auch bei den Treppenbelägen kamen Terrakottaplatten bester Qualität zum Einsatz, die sehr gut mit dem Backsteinmauerwerk zusammenwirken und doch eine neue Farb- und Materialnote einbringen. Zudem übernehmen die Platten auch Wärmespeicherfunktion. Ein besonderer Schwerpunkt lag auf der Verbesserung der natürlichen Belichtung durch die Ergänzung der vorhandenen Spitzbogenfenster und eine verglaste Erweiterung im Erdgeschoss.

Nachhaltigkeit als Konzept

Um das Gebäude auch hinsichtlich des Energiebedarfs an eine zeitgemäße Wohnnutzung anzupassen, wurden sowohl das Dach als auch die Böden gedämmt. Alle neuen Ein- und Aufbauten sind diffusionsoffen hergestellt. Die Heizenergie liefert eine Luftwärmepumpe, auf der südlichen Dachhälfte montierte Photovoltaikelemente erzeugen Strom. Darüber hinaus verfolgte man aber auch das Ziel, den CO_2-Ausstoß zu minimieren und möglichst wenig graue Energie einzusetzen. Daher wurden wo möglich vorgefundene Bauelemente und Materialien wiederverwendet und möglichst wenig entsorgt, zum Beispiel wurden vorgefundene Bodendielen aufgearbeitet und wieder neu verlegt.

Zusätzlich benötigtes Material stammt vom örtlichen Recyclinghof – so etwa die Küchenarbeitsplatte, Beschläge, Treppenbeläge und Holzplatten für die Deckenverkleidung. Im Außenbereich wurden Flächen entsiegelt und trockenheitsverträgliche Pflanzen gesetzt, eine Regenwasserzisterne rundet das ökologische Konzept ab.

Das Projekt ist ein wunderbares Beispiel für eine ebenso fachkundige wie sensible und gleichzeitig auch nachhaltige Umnutzung eines früheren Gotteshauses.

RECHTE SEITE Ansicht der ehemaligen Kirche mit alter Ummauerung

OBEN Zugangstor und Spitzbogenfenster

RECHTS OBEN Treppenabgang zur ehemaligen Krypta mit den Schlafräumen

RECHTS UNTEN Ausblick vom Essplatz in die Landschaft

RECHTE SEITE Der Wohnbereich im früheren Kirchenschiff. Eine Bank mit Stauraum und der Kaminofen dienen als Raumteiler.

KIT DE WAAL

OBEN Blick über die Kücheninsel mit Untersicht der Treppe auf die Galerie

RECHTS Treppe zur Galerieebene

LINKE SEITE Über der Küche befindet sich die Galerieebene. Eine verglaste Spitzbogentür führt auf die Terrasse.

OBEN Ausblick zum tiefer gelegenen Innenhof

UNTEN Schlafzimmer im Untergeschoss

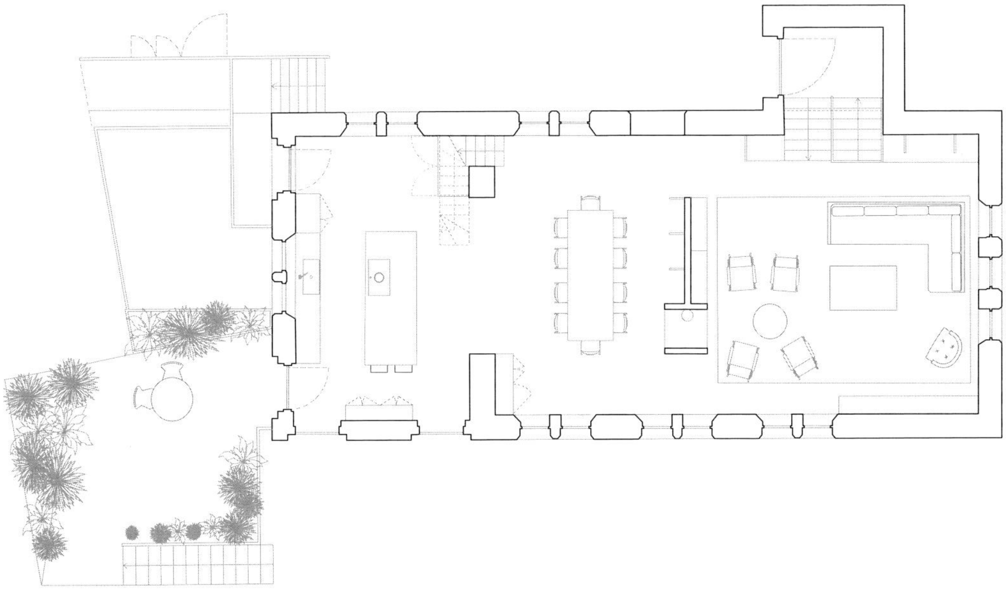

Erdgeschoss

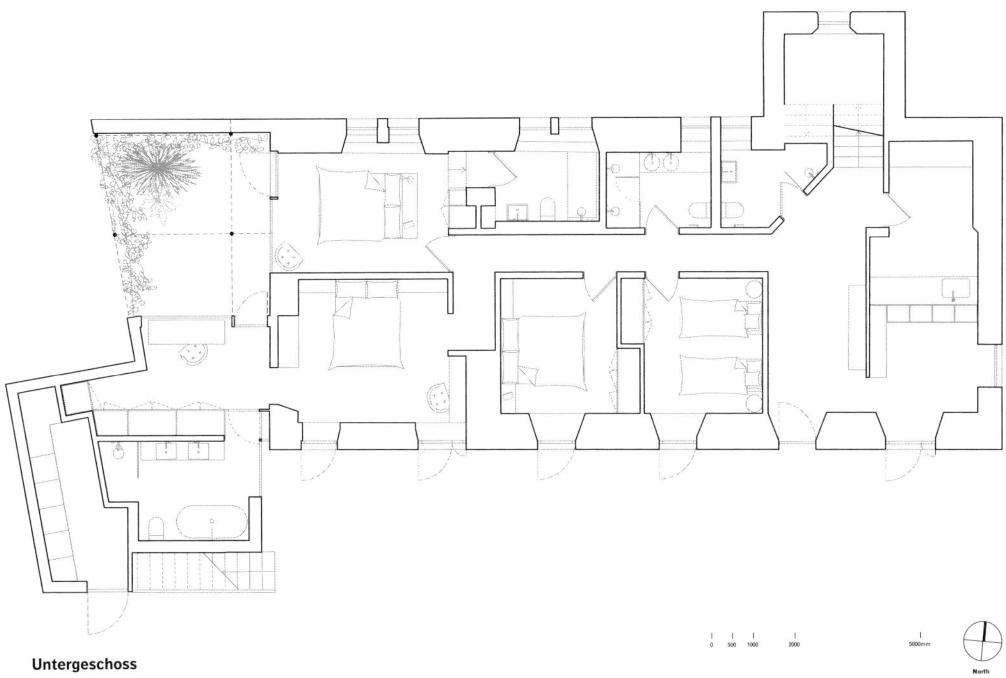

Untergeschoss

BAUDATEN

Standort West Devon, England

Ursprüngliche Erbauungszeit um 1900

Fertigstellung Sanierung und Umbau 2022

Grundstücksgröße ca. 500 m²

Wohnfläche ca. 200 m²

Endenergiebedarf ca. 65 kWh/m²a

Gesamtkosten keine Angaben

Zurückversetzt in alte Schönheit

SANIERUNGS- UND UMBAUPLANUNG
OUSIA Architekten – Christian Grayer, Dresden

In den vergangenen Jahrzehnten haben sich die Ortsbilder auf dem Land grundlegend verändert. Vielfach wurden Bauernhäuser und andere dörfliche Gebäude entweder abgerissen oder so umgestaltet, dass sie ihren ursprünglichen Charakter und ihre Qualitäten verloren. Teils stehen Bauernhäuser auch leer und warten auf einen engagierten neuen Eigentümer, wie es bei diesem Bauernhof in Bayerisch-Schwaben der Fall war. Der Retter des Gebäudes war sich der Schwierigkeiten der Aufgabe durchaus bewusst, ging aber zusammen mit seinem Architekten Christian Grayer beherzt ans Werk.

Dem Hof wieder ein Gesicht verleihen

Die Aufnahmen vor der Sanierung zeigen, dass die Fassadengestaltung durch den Einbau unpassender sprossenloser Fenster stark zum Nachteil verändert worden war. Unter Zuhilfenahme historischer Fotografien wurde das äußere Erscheinungsbild des historischen Wohnteils auf seinen ursprünglichen Zustand zurückgeführt. Wie in der Region üblich, erhielt das Haus wieder weiße Holzfenster mit traditioneller Aufteilung – nun allerdings mit zwei- bzw. dreifacher Wärmeschutzverglasung – und blaugrüne Holzklappläden. Die Giebelgesimse wurden restauriert und die traufseitige Eingangstür wurde nach alten Vorbildern gestaltet.

Die Bestandsaufnahme durch den Architekten ergab, dass das aus Ziegeln der örtlichen Ziegelei bestehende Mauerwerk und die Dachkonstruktion größtenteils intakt waren, nur an einigen Stellen mussten Holzteile ergänzt oder angestückt werden. Um die Sparrenlage im Dachbereich sichtbar halten zu können, entschied man sich für einen doppelten Dachstuhl mit Aufsparrendämmung. Für diese kamen ökologisch und bauphysikalisch hochwertige Holzweichfaserprodukte zum Einsatz, die zudem den Vorteil einer langen Wärmedurchgangszeit besitzen. Das gleiche Material verwendete man auch für die Außenwanddämmung. Lehm- und Kalkputze gewährleisten zusammen mit den Bestandsmaterialien und der ökologischen Dämmung einen optimalen Feuchtigkeitsaustausch, eine intakte Bausubstanz und eine sehr gute Qualität der Raumluft. Dem Ziel der Nachhaltigkeit dienten ferner die Wiederverwendung ausgebauter Bauteile, etwa von Holzdielen, Holztreppe und Deckenbalken, der weitestgehende Verzicht auf Plastik in Produkten wie Kunststofffarben, Folien und Kleber sowie die Installation einer Photovoltaikanlage und einer Regenwasserzisterne in der früheren Güllegrube.

Räume mit Charakter

Der an den Wohnteil angrenzende Stall war in nahezu desaströsem Zustand und musste mit großem Aufwand saniert werden. Heute zeugt der Raum mit seinem imposanten Böhmischen Kappengewölbe wieder von der ursprünglichen Wohlhabenheit des Hofs. Damit er seine ganze Schönheit entfalten konnte, wurde viel Schutt weggeräumt, die Gewölbe wurden freigelegt und die vier Säulen durch neue, ebenfalls aus Sandstein, ersetzt. In den ausgekofferten Boden wurde eine gedämmte Bodenplatte und darüber ein Heizestrich eingebracht. Als neuer Bodenbelag kamen hier wie im ganzen Gebäude überwiegend raumlange, geölte Eichenholzdielen zum Einsatz, ergänzt um Solnhofener Feinsteinzeug, Fliesen im Sauna- und Badbereich sowie neuen Terrazzo, unter anderem im Eingangs- und Küchenbereich. Die Wand zwischen dem nun als Wohn- und Essbereich genutzten Stall und dem historischem Wohnteil mit der um einige Stufen höher gelegenen Küche wurde geöffnet. Eine neue Wendeltreppe stellt die direkte Verbindung zwischen »Wohn-Stall« und Obergeschoss her, wo neben dem Elternbereich ein Wellness-Bad und die Kinderzimmer untergebracht sind. Die Panoramafenster im Ober- und Dachgeschoss inszenieren den Blick in die nahe gelegenen Auen der Zusam.

Dieses ambitionierte Sanierungs- und Umbauprojekt kann als schönes Beispiel für die Wiederherstellung und Weiternutzung von Bauernhöfen dienen.

RECHTE SEITE OBEN Straßenansicht nach der Sanierung

RECHTE SEITE UNTEN Traufseite des Bauernhauses mit anschließendem früheren Wirtschaftsgebäude und Terrasse

1

OBEN Gepflasterter Hofbereich vor Loggia und Terrasse

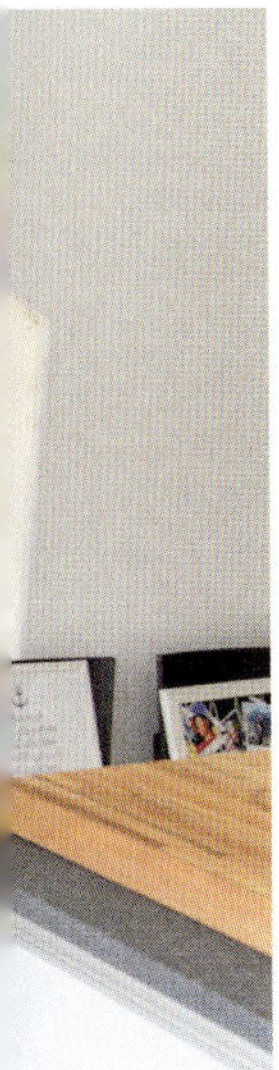

LINKE SEITE LINKS Die Küche liegt einige Stufen höher.

LINKE SEITE RECHTS Blick von der Küche in die Säulenhalle mit dem Esstisch

OBEN Die Säulenhalle dient heute als Wohn- und Essbereich.

OBEN LINKS Sanierte Treppe und Brüstung im Obergeschoss

OBEN RECHTS Sichtbar gehaltene Deckenbalken und wohngesunder Lehmputz prägen dieses Zimmer.

UNTEN Dachraum mit historischer und ergänzter Dachstuhlkonstruktion. Die Dachflächenfenster sorgen für gute Belichtung.

vorher

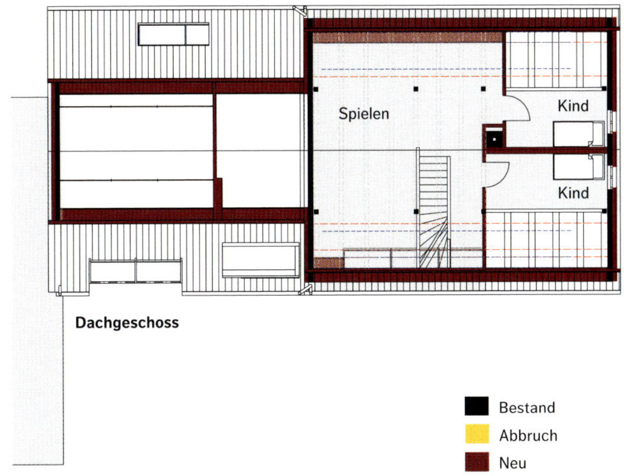

Dachgeschoss

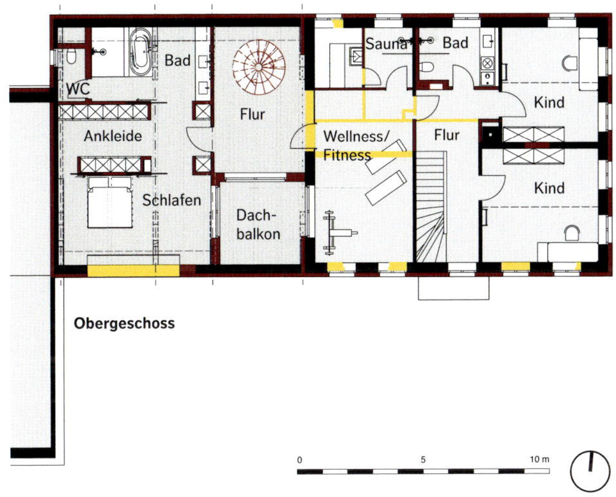

Obergeschoss

BAUDATEN

Standort bei Augsburg, Bayern

Ursprüngliche Erbauungszeit Wohngebäude um 1890, Zwischengebäude/Stall um 1800, Stadel 1960

Fertigstellung Sanierung und Umbau 2020

Grundstücksgröße ca. 2.500 m²

Wohnfläche vor Sanierung ca. 220 m², nach Sanierung ca. 410 m²

Endenergiebedarf vor Sanierung unbekannt, nach Sanierung 71 kWh/m²a

Gesamtkosten keine Angaben

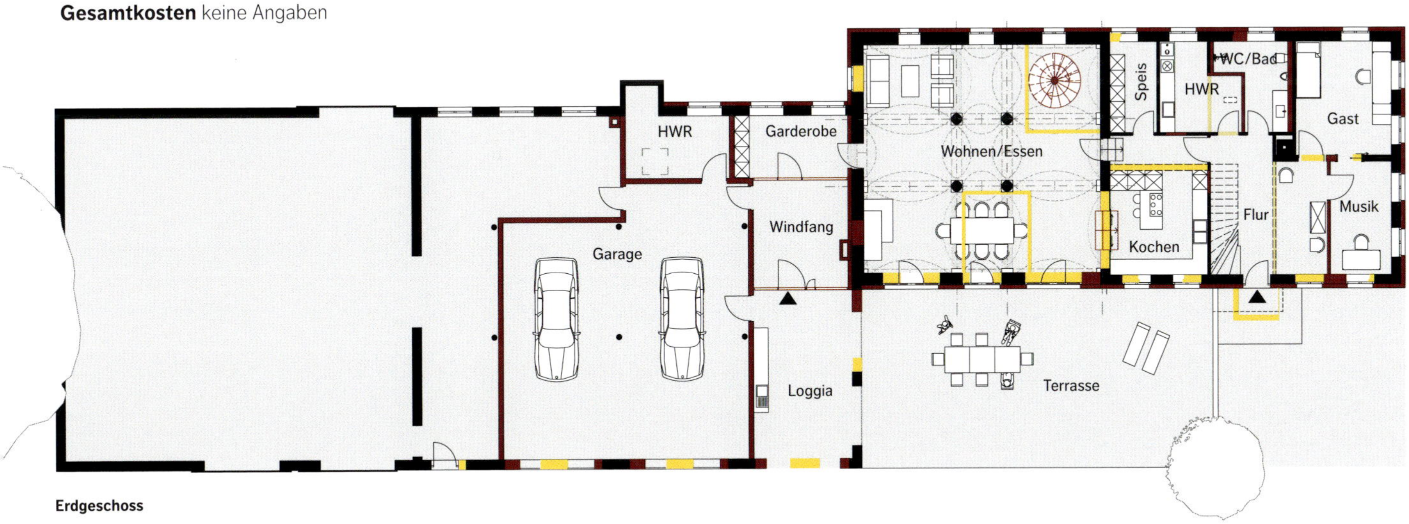

Erdgeschoss

Historisches Haus am Inn

SANIERUNGS- UND UMBAUPLANUNG
Klainguti + Rainalter architects, Zuoz

Das im Jahr 1628 errichtete, direkt am Inn gelegene Gebäude punktet mit seiner herausragenden Lage, hinter der ostseitigen Kaimauer befindet sich sogar noch ein eigener Garten. Zwar waren keine großen Mängel hinsichtlich der Tragkonstruktion und etwaiger Feuchteschäden zu beheben, das Haus erfüllte jedoch nicht die Wohnansprüche der heutigen Eigentümer. Zudem war der historische Charakter des Anwesens verloren gegangen. Mit der Sanierungs- und Umbauplanung wurde das Architekturbüro Klainguti + Rainalter aus Zuoz beauftragt, das über viel Erfahrung mit der Sanierung Engadiner Bauernhäuser verfügt.

Rückbauen und aufwerten

Wegen der beabsichtigten Nutzung als Einfamilienhaus mussten die bei einer Umbaumaßnahme 1997 geschaffenen insgesamt fünf Wohneinheiten wieder zu einer einzigen zusammengelegt werden. Dazu riss man diverse damals errichtete Innenwände ab, vornehmlich im Eingangsgeschoss im Bereich des »Sulèr« genannten Vorraums und der Veranda, dem wohl schönsten Raum des Hauses, mit Blick auf den Inn. In diesem heutigen Wohn- und Essbereich wurden die zuvor zugebauten Rundbogenfenster in aufwendiger Schreinerarbeit wiederhergestellt und eingebaut. Die historische Aufteilung mit nördlich des Sulèrs untergebrachter Stube (Stüva) und Küche (Chadafö) wurde beibehalten. In der Arvenholz-Stube wurde der Boden aufgearbeitet, ein neu aufgemauerter, scheitholzbeheizter Speicherofen am alten Standort trägt heutigen feuerpolizeilichen Vorgaben Rechnung. Auf der anderen Seite des Sulèrs wurde eine zweite Stube zum Bad umgebaut. Dusche, Waschtische und Einbauschränke sind hier in einen frei stehenden, verspiegelten Kubus integriert. Abgesetzt vom Bestand, zeigt sich das auch im Obergeschoss eingesetzte Bauteil ehrlich als neu, ohne das historische Ambiente zu beeinträchtigen. Gleiches gilt für die neue ins Dachgeschoss führende Treppe, die einschließlich der Wangen bzw. Brüstungen und Handläufe aus Schwarzstahl gefertigt ist und sehr schön mit den alten Konstruktionshölzern harmoniert. Unter dem Dach entstand ein kontemplativer, loungeartiger Wohnraum. Bei der Erneuerung des Dachaufbaus wurde zwischen den Sparren gedämmt. Die Dachfläche zum Inn hin ist komplett mit einer dachintegrierten Photovoltaikanlage versehen, die ihren Strom der ebenfalls neu eingebauten Wasser-Wasser-Wärmepumpe zuführt. Diese Lösung war insofern sehr sinnvoll, als das dazu nötige Wasser von einer eigenen Grundwasserquelle bezogen werden kann. Die straßenseitige Dachhälfte erhielt eine Kupferblechdeckung, die Fassaden wurden neu gestrichen.

Im Untergeschoss erneuerte man den traditionellen Pflasterbelag, der in jüngerer Zeit entfernt worden war. Auf der Gartenseite kam ein Dampfbad mit direkter Verbindung nach draußen hinzu, zusätzlich entstand ein Gästezimmer mit zugeordnetem Bad.

Ein wundervolles Beispiel für den behutsamen Rückbau, die kenntnisreiche Wiederherstellung alter Wertigkeiten und das Einfügen neuer Elemente, ohne den Bestand zu überformen.

RECHTE SEITE Blick auf das Haus vom Inn aus

LINKE SEITE OBEN Ansicht von Norden

LINKE SEITE UNTEN Straßenseite mit dem Hauseingang

OBEN Historische holzvertäfelte Stube

OBEN Blick über die Kücheninsel durch den Essbereich

OBEN Küche mit neu eingebautem Grill aus Schwarzstahl

MITTE Die großen, sorgsam restaurierten Fenster verleihen dem Raum einen wintergartenartigen Charakter.

UNTEN Blick in den als Windfang ausgebildeten Eingangsbereich

RECHTE SEITE Auch die unterste Wohnebene wurde mit einem neuen Natursteinbelag und restaurierten Holzbalkendecken aufwendig renoviert.

LINKS Zweites Obergeschoss mit historischem Holzboden, links die neue Treppe aus Schwarzstahl zum Dachgeschoss

UNTEN Neuer Wohnraum unter dem Dach

BAUDATEN

Standort Oberengadin, Schweiz
Ursprüngliche Erbauungszeit 1628
Fertigstellung Sanierung und Umbau 2024
Grundstücksgröße ca. 378 m^2
Wohnfläche ca. 421 m^2
Gesamtkosten keine Angaben

Bestand
Abbruch
Neu

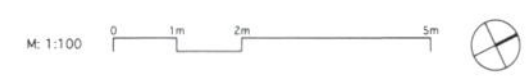

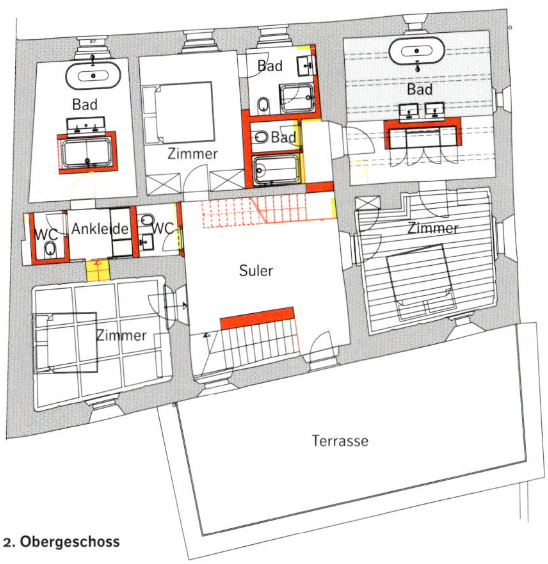

2. Obergeschoss

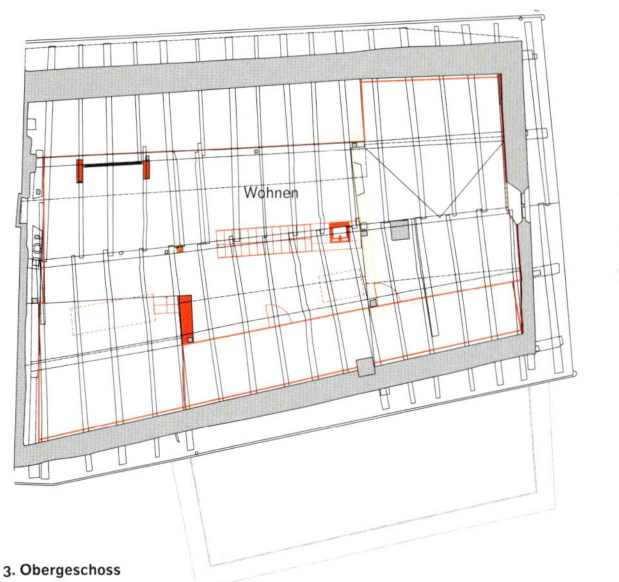

3. Obergeschoss

Erdgeschoss

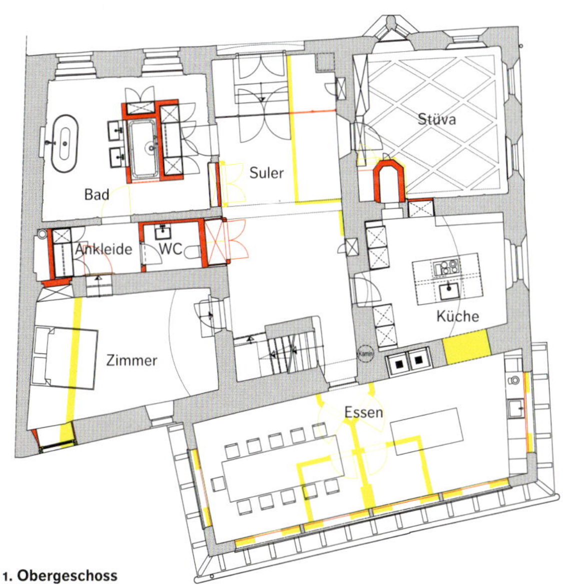

1. Obergeschoss

Mut zum Bewahren

SANIERUNGSPLANUNG
Studio Bruno Franchi, München
ENTWURF
Architekturbüro Seifert

Beim Umgang mit Altbauten kommt es ganz besonders darauf an, vorhandene Qualitäten zu erkennen, den Bestand wertzuschätzen und mit Umsicht zu modernisieren. Bei diesem Bungalow aus dem Jahr 1961 mit flach geneigtem Satteldach, regelmäßiger Fassadengliederung, geringen Dachüberständen und ostseitiger Loggia handelte sich um das Elternhaus des Bauherrn. Der Entwurf stammte vom Architekten Adolf Seifert, der zusammen mit Rolf ter Haerst und Franz Ruf den 1957 fertiggestellten Neubau der Staatsbauschule in München entworfen hatte. Die Bauherren entschieden sich, das in den 1990er Jahren errichtete Nachbarhaus den Kindern zu überlassen und den Bungalow zu beziehen. Für den Umbau arbeiteten sie mit dem Münchner Architekten Bruno Franchi zusammen.

Gezielte Eingriffe

Die Bestandsaufnahme ergab, dass der Bauzustand sowohl des Dachstuhls als auch des Ziegelmauerwerks und des Kellers sehr gut waren und daher kein Bedarf an umfassenden Sanierungsmaßnahmen bestand. Die beachtliche vorhandene Wohnfläche von etwa 210 Quadratmetern auf einer Ebene genügte vollkommen, sodass auch bauliche Erweiterungen kein Thema waren. Vielmehr klärte man das äußere Erscheinungsbild durch den Abriss eines nachträglich angefügten Freisitzanbaus auf der Gartenseite und legte dort wieder die ursprüngliche Terrasse an. Ostseitig wurde die vor längerer Zeit angebaute wintergartenartige Einhausung der Loggia entfernt, ebenso der alte Außenpool. Das Gelände im Garten wurde neu nivelliert.

Energetische Optimierungen

Zur Verbesserung der Energiebilanz wurden alle Fenster erneuert und der Boden des Dachgeschosses, das als Kaltraum verblieb, gedämmt. Von einer Außenwanddämmung sah man ab, da die Außenwände einen akzeptablen Wärmedurchgangswert aufwiesen und die architektonisch prägende Erscheinungsform des Baukörpers nicht gestört werden sollte. Auf dem Dach neu angebrachte Photovoltaikmodule erzeugen Strom, der in naher Zukunft auch für den Betrieb einer Wärmepumpe genutzt werden soll. Überall wurde ein neuer Heizestrich eingebaut und in diesem Zuge die Bodenbeläge erneuert.

OBEN Blick auf die Terrasse

RECHTE SEITE Ansichten vom Garten aus

LINKS Eingangsbereich und Blick in den lang gezogenen Flur

MITTE Im Wohn-, Ess- und Kochbereich fungiert der neue kubische Ofen als Raumteiler.

RECHTE SEITE OBEN Große Glasfenster stellen die visuelle Verbindung zwischen Wohnbereich und Terrasse her.

Großzügig statt kleinteilig

Der nördliche Trakt mit den einzelnen, allesamt nach Osten ausgerichteten Zimmern verblieb weitgehend in seinem ursprünglichen Zuschnitt. Lediglich die beiden Bäder wurden hier neu gestaltet. Die wichtigste Aufgabe im Innenraum bestand darin, die zeittypische Kleinteiligkeit des Koch-, Ess- und Wohnbereichs mit einer separaten kleinen Küche aufzubrechen und einen größeren Raumzusammenhang zu schaffen. Auch das Eingangsfoyer ist nun Bestandteil dieser neuen visuellen Offenheit. Als Raumteiler zwischen Kochen, Essen und Wohnen fungiert heute ein kubisch klarer Grundofen.

Neben der Neuordnung des Grundrisses schenkten Bauherren und Architekt auch den einzelnen Bauteilen und -elementen große Aufmerksamkeit. So wurde die aus dem Erbauungsjahr stammende kassettierte Haustür aus Eichenholz mit ihren Glasfüllungen nicht etwa ersetzt, sondern aufgearbeitet und mit neuen Dichtungen versehen. Die Innentüren sind den ursprünglichen nachempfunden, nachträglich eingebaute Tür- und Fensterdrücker durch hochwertige Beschläge aus Messing ersetzt, die stilistisch der Bauhaus-Tradition, hier Walter Gropius, verpflichtet sind.

Das sehr gelungene Projekt überzeugt durch seinen Sinn für Bescheidenheit und konnte ein bedeutendes Zeit- und Architekturzeugnis nicht nur erhalten, sondern sogar aufwerten.

RECHTE SEITE
Wohnraum und Essbereich

Have a
Coke

LINKS Neu gestaltetes Gästebad

RECHTS Barrierefreies Bad

UNTEN Eines der Kinderzimmer

BAUDATEN

Standort Pöcking, Bayern

Ursprüngliche Erbauungszeit 1961

Fertigstellung Sanierung und Umbau 2025

Grundstücksgröße ca. 2.000 m²

Wohnfläche vor Sanierung ca. 215 m², nach Sanierung ca. 190 m²

Gesamtkosten ca. 500.000 €

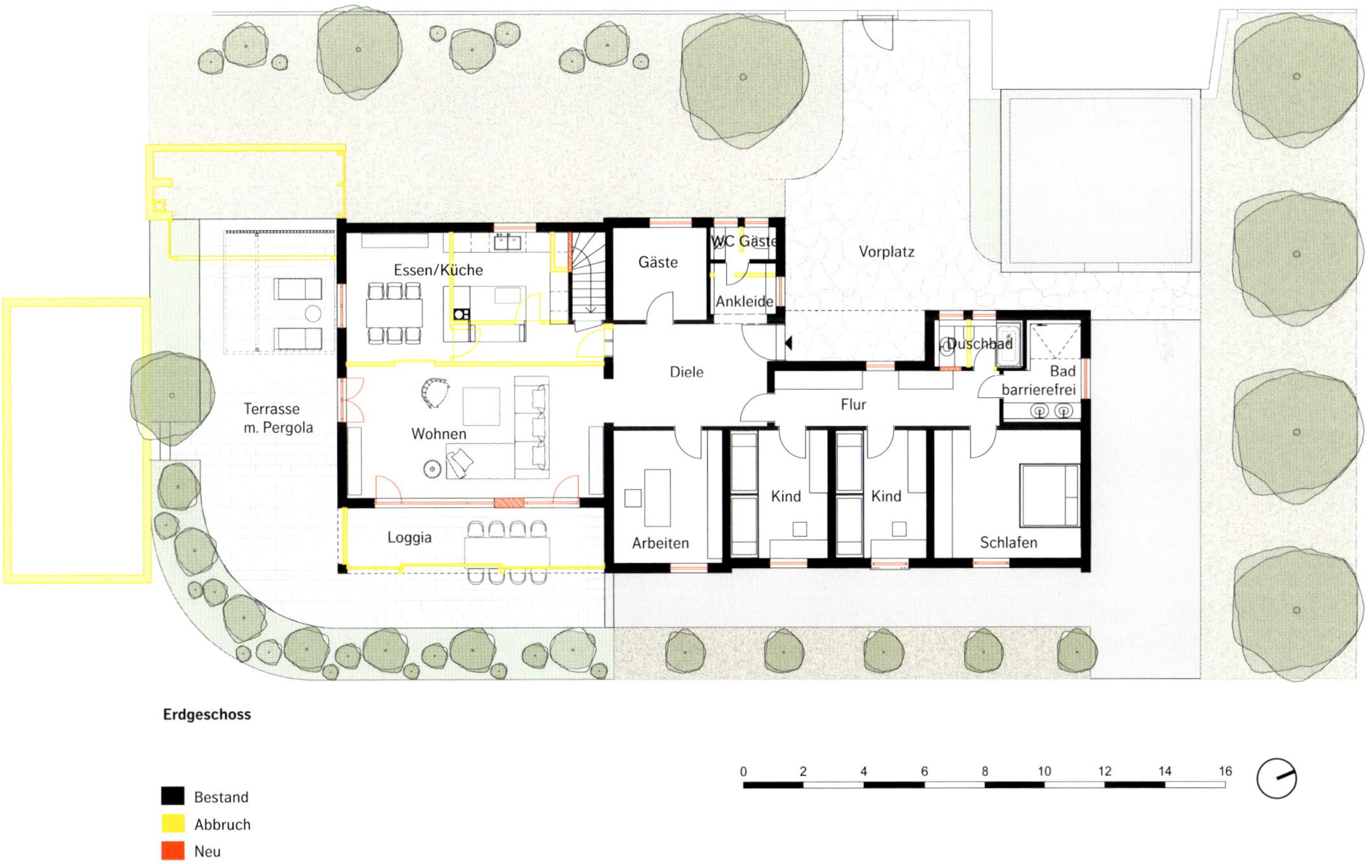

Erdgeschoss

Von der Enge befreit

SANIERUNGS- UND UMBAUPLANUNG
sein.architektur, Lübeck

Bei Reihenhäusern ist der Bedarf an Maßnahmen besonders groß, um den Bestand zu modernisieren und heutige Wohnansprüche umzusetzen. Aufgrund ihrer oftmals sehr kompakten Abmessungen und geringen Geschossflächen führt die kleinräumige Grundrissgestaltung vieler Bestandbauten zu einem unbefriedigenden Wohngefühl. Dies war auch bei dem Reihenendhaus einer dreiköpfigen Familie in Lübeck der Fall.

Räume öffnen und gestalten

In Massivbauweise mit Klinkerfassade errichtet, zeigte sich das Gebäude bei der Beauftragung des Lübecker Büros sein.architektur äußerlich und bautechnisch in gutem Zustand. Das vorhandene Platzangebot reichte zwar im Grunde aus, jedoch mangelte es im Inneren an Durchgängigkeit, guter Belichtung und Atmosphäre. Der ohnehin kleine Eingangsbereich war eine abgetrennte Einheit und die sich daran anschließende kleine Küche nochmals durch eine Wand und Tür vom Ess- und Wohnbereich getrennt. Sämtliche Trennwände und Türen wurden beim Umbau entfernt und so eine vom Eingang bis zum Garten durchgesteckte Einraumsituation geschaffen. Dadurch wirkt das Erdgeschoss ungleich größer als zuvor. Die lange Sichtachse durch den Raum wird durch einen lang gezogenen Einbauschrank noch unterstrichen. Mit teils offenen, teils geschlossenen Fronten fügt er den Koch-, Ess- und Wohnbereich visuell zusammen. Das nach dem Entwurf der Architektinnen Ilka Jensen und Jovana Jagodić vom Büro sein.architektur sondergefertigte Möbel – sie planten auch die maßgeschneiderte Garderobe beim Eingang – verleiht dem Wohnambiente zusätzliche Qualität, ebenso die offen gestaltete neue Einbauküche. Der Wechsel der Bodenbeläge zoniert das Erdgeschoss – ein neuer, gegossener Bodenbelag in zurückhaltender Farbigkeit für den Eingang und die Küche, Eichenparkett im Ess- und Wohnbereich. Die erhaltene Treppe zum Obergeschoss wurde analog zu den natürlichen Farbtönen im Erdgeschoss mit einem naturfarbenen, auch haptisch einladend wirkenden Sisalbelag gestaltet. Im Obergeschoss wurde die Erschließung verändert, ein neuer Massivholzboden im Schlafzimmer und neue Badeinbauten tragen zu einer verbesserten Raumwahrnehmung bei.

Gerade weil jüngere Bestandbauten nicht immer einen Komplettumbau benötigen, ist diese sehr qualitätsvolle Maßnahme eine Vorbild für eine anspruchsvolle innenarchitektonische Anpassung von Reihenhäusern.

OBEN Gartenansicht

RECHTE SEITE Die neue Einbauküche

OBEN UND RECHTE SEITE Durch die Herausnahme von Zwischenwänden gewann das nun durchgängige Erdgeschoss einen völlig neuen, offenen Charakter. Die Einbauten schaffen Stauraum, ohne die Raumwirkung zu beeinträchtigen.

OBEN UND UNTEN Bad und Elternschlafzimmer im Obergeschoss wurden mit dezenten Farben und neuen Einbauten aufgewertet.

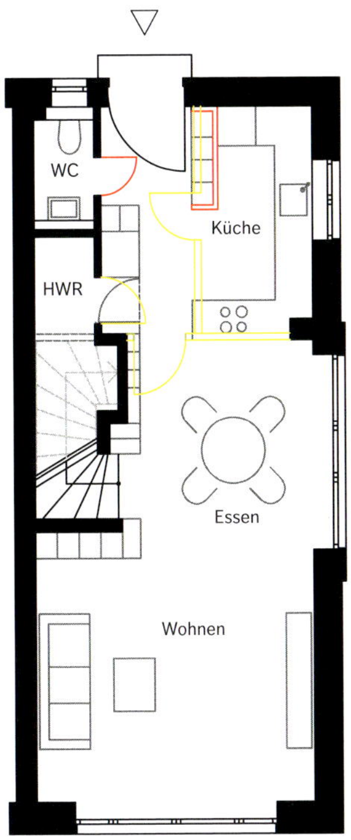

Erdgeschoss

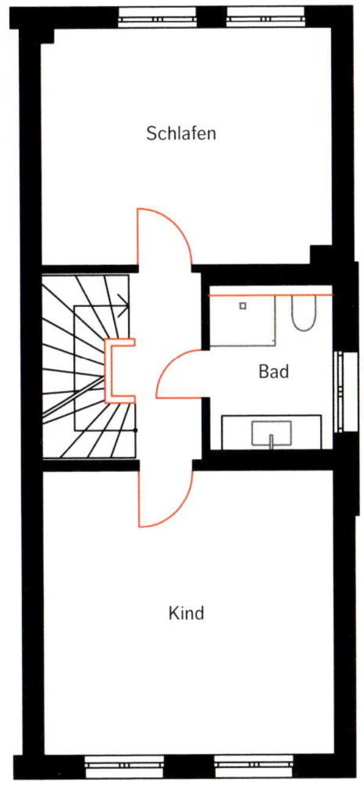

Obergeschoss

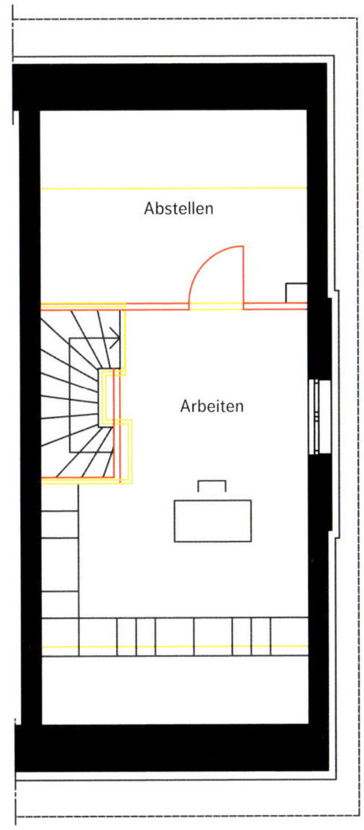

Dachgeschoss

1m 2m 3m 4m

Bestand
Abbruch
Neu

BAUDATEN

Standort Lübeck

Ursprüngliche Erbauungszeit um/nach 2000

Fertigstellung Sanierung und Umbau 2023

Grundstücksgröße ca. 350 m²

Wohnfläche vor/nach Sanierung ca. 109 m²

Gesamtkosten keine Angaben

Familienleben mit neuem Rhythmus

SANIERUNGS- UND UMBAUPLANUNG
Neil Dusheiko Architects, London

Zunehmend werden auch Gebäude aus den letzten Jahrzehnten zum Gegenstand von Umbaumaßnahmen, sei es zur Verbesserung der Wohnqualität, zur Aufwertung der Baugestalt oder zur energetischen Sanierung. Bei dem 1994 im ländlichen Kent errichteten Einfamilienhaus war die Substanz intakt, und es waren keine Bauschäden vorhanden. Allerdings wies der Bau eine für die Bauherren unbefriedigende Grundrisssituation, wenig genutzte Räumen und eine mangelnde Verbindung nach außen zum Garten auf. Eine besondere Aufgabe bestand ferner darin, die Planung gestalterisch mit Rücksicht auf das in der Nähe gelegene, denkmalgeschützte Anwesen Pembroke Lodge durchzuführen.

Mehr Licht, mehr Offenheit

Vor Baubeginn war das Erdgeschoss von abgeschlossenen Räumen geprägt. Mit einem eingeschossigen, minimalistischen und großflächig verglasten Anbau, der mittlerweile Mittelpunkt des Familienlebens ist, wurde der Grundriss völlig neu geordnet. Die durch angemessene gestalterische Zurückhaltung, aber auch klar moderne Formgebung gekennzeichnete Erweiterung öffnet den dort untergebrachten Ess- und Wohnbereich nach draußen. Gleichzeitig schafft der Neubau offene Übergänge zum Altbau mit der umverlegten, nun ebenfalls großzügig verglasten Küche, er erzeugt visuelle Zusammenhänge und lange Sichtachsen, die es vorher nicht gab. Eine gläserne Verbindung trennt Alt und Neu und bringt natürliches Licht in die Räume. Durch die deckenhohen Verglasungen im Anbau entsteht dort fast der Eindruck, sich im Freien zu befinden. Vor Überhitzung schützt der auf Stahlstützen ruhende Dachüberstand, konstruktiv eingesetzte Eichenholzstelen schaffen Blickfänge. Das Interior Design der Erweiterung beschränkt sich ganz bewusst auf wenige, natürlich wirkende Materialien wie Backsteine für die Sichtziegelwände, Holzpaneele aus Western Red Cedar für die Decken und ein Scheitholzofen aus Schwarzstahl.

Umbau und Aufwertung

Neben der Erweiterung des Erdgeschosses galt es auch, dem Bestandsgebäude neue Qualitäten zu geben. Dazu wurde unter anderem die Küche verlegt sowie ein neuer Hauswirtschaftsraum im Erdgeschoss und ein Schlafzimmer mit angeschlossenem Bad im Obergeschoss geschaffen. Sämtliche Fenster wurden durch solche mit Dreifachverglasungen ersetzt und die Außenwände gedämmt. Anstelle einer Gasheizung dient nun eine Luftwärmepumpe als zentraler Wärmeerzeuger. Nachhaltigkeitsüberlegungen gaben auch den Ausschlag dafür, den Anbau mit Ziegelsteinen aus Wiederverwendung zu errichten, was sich durch die Einsparung von Ressourcen und Energieaufwand positiv auf die CO_2-Bilanz auswirkte. Das verwendete Bauholz stammt überwiegend aus FSC-zertifizierter Bewirtschaftung.

Die bungalowartige Erweiterung schafft hier zusammen mit der Neuordnung des Erdgeschosses die Voraussetzungen für ein komplett neues, lichtes und offenes Wohnerlebnis.

RECHTE SEITE OBEN Frontalansicht der Erweiterung

RECHTE SEITE UNTEN Hauptgebäude mit vergrößerten Fassadenöffnungen und Anbau

RECHTS Blick vorbei am Hauptgebäude zum Anbau

UNTEN Das weit auskragende Vordach schützt vor Sonne und Regen.

OBEN UND UNTEN
Bewohnter Leucht-
körper: Anbau bei
Abendstimmung

OBEN Die Erweiterung und die Küche im Hauptgebäude bilden nun eine räumliche Einheit.

RECHTE SEITE Der Ofen aus Schwarzstahl trennt Ess- und Wohnbereich im Anbau.

OBEN LINKS Wohnbereich im Anbau

OBEN RECHTS Neu gestaltete Treppe im Hauptgebäude mit Durchblick zum Wohnbereich

UNTEN LINKS UND RECHTS Umgestaltetes Schlafzimmer und Bad im Hauptgebäude

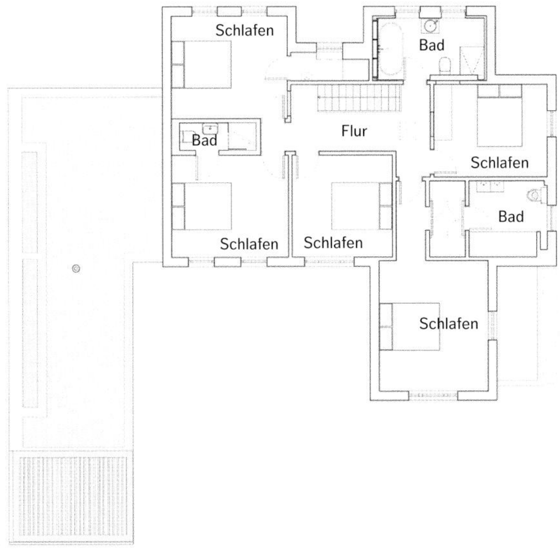

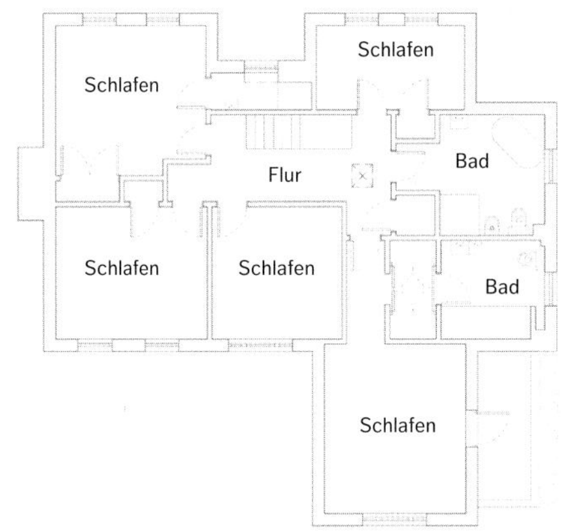

Obergeschoss – vor Um-/Anbau

Obergeschoss – nach Um-/Anbau

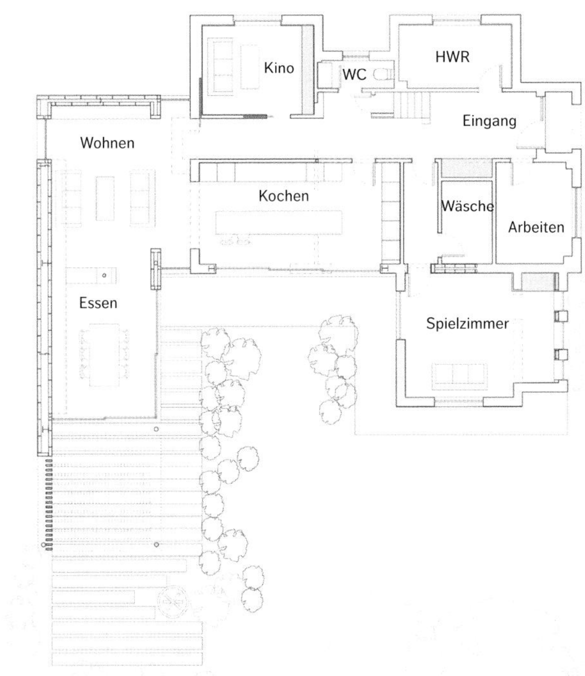

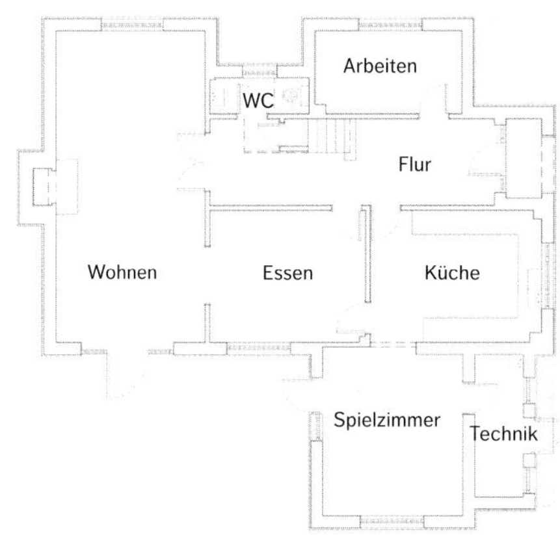

Erdgeschoss – vor Um-/Anbau

Erdgeschoss – nach Um-/Anbau

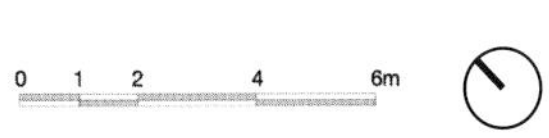

BAUDATEN

Standort Grafschaft Kent, England

Ursprüngliche Erbauungszeit 1994

Fertigstellung Sanierung und Umbau 2024

Grundstücksgröße ca. 760 m²

Wohnfläche vor Sanierung ca. 206 m², nach Sanierung ca. 246 m²

Gesamtkosten keine Angaben

Perfekt hergerichtet

SANIERUNGS- UND UMBAUPLANUNG
Michael Hemmi Architekten, Trimmis

Das Graubündner Dorf Vals hat nicht zuletzt durch die von Peter Zumthor geplante Therme einige Berühmtheit erlangt. Fernab des Besucherstroms gibt es aber auch Ortsteile, in denen man sich 100 Jahre zurückversetzt fühlt. Hier liegt ein im Jahr 1838 im traditionellen Stil errichtetes Dorfhaus mit einem Sockel aus Naturstein, Wänden in Strickbauweise aus Blockbohlen und einem Steinplattendach aus Valser Quarzit, der dafür auch heute noch baubehördlich vorgeschrieben ist.

Stimmige Erscheinung

Dem Gebäude sieht man aufgrund der vom Bestand abweichenden Farbigkeit einiger Holzteile durchaus an, dass sich hier in letzter Zeit etwas getan hat. Doch die äußere Gestalt stellt sich auch nach der Sanierung rundum stimmig dar. Ungeachtet einzelner bewusst gesetzter, zeitgemäßer Elemente fügt es sich selbstverständlich in die gebaute Umgebung ein. Dieser harmonische Eindruck ist allerdings das Ergebnis eines langen und anspruchsvollen Planungs- und Arbeitsprozesses, sowohl für die Bauherren als auch für die Architekten Michael Hemmi und Sara Bonderer. Deren Aufgabe bestand – neben der baulichen Sanierung – darin, das zuvor als Doppelhaus genutzte und entsprechend aufgeteilte Gebäude zu einer Wohneinheit umzugestalten, die zahlreichen unpassenden Veränderungen aus jüngerer Zeit zu entfernen, erhaltenswerten Bestand sichtbar zu machen und im Gesamtkonzept zur Geltung zu bringen. Die charakteristischen Wände aus Blockbohlen wurden freigelegt, sorgfältig repariert, ergänzt und weitergebaut.

Wohnlichkeit schaffen

Durch gezielte Eingriffe in die vorgefundene kleinteilige Baustruktur erhielt das historische Haus ein zeitgemäßes Raumgefüge. Für die Treppe, die ursprünglich im Gang lag, fand sich ein neuer Platz. Durch die Entfernung einzelner Wände steht nun die Wohnküche in direkter Beziehung zur alten Stube, und es entstand ein großzügiger Raumzusammenhang. Das große, südorientierte Panoramafenster in der Küche lässt nicht nur viel Licht in das Haus einfallen, sondern auch Sonnenwärme, die sich im offenen Grundriss ausbreiten kann.

Die vorgefundenen Raumhöhen betrugen im Erdgeschoss knapp 2 Meter, im Unter- und Obergeschoss 1,70 bis 1,80 Meter. Voraussetzung für die zeitgemäße Wohnnutzung war die Korrektur der Geschosshöhen im ganzen Haus. Im Untergeschoss wurde dazu das Bodenniveau abgesenkt und wärmegedämmte, dunkel pigmentierte Monobetonböden eingebaut. Helle Fichtenbohlen über dem Erdgeschoss bilden nun die neue, einschichtige Deckenkonstruktion. Die Räume im Schlafgeschoss erhielten durch die teilweise Entfernung der Geschossdecken einen großzügigen Charakter und erlauben es, die historischen Materialien und Strukturen voll zu erleben.

Die Außenwände der Blockbohlenkammern wurden raumseitig wärmegedämmt, mit neuen Brettvertäfelungen aus Lärchenholz belegt und mit gestalterisch reduzierten, aber traditionellen Kassettentüren ausgestattet. Sämtliche neuen Fenster sind aus Lärchenholz. Auf beiden Geschossen wurden Bäder und Toiletten eingebaut, im Obergeschoss orientieren diese sich an den nach wie vor vorhandenen Wänden des ursprünglichen Dachgeschosses. Durch den Umbau bestehen nun viele interne Verbindungen, die das Haus luftig und durchgängig machen. Der marode Stall wurde saniert und mit einem Vorbau aus Schwarzstahl versehen, um ihn als Garage nutzen zu können. Darüber befindet sich ein multifunktional einsetzbarer Raum. Haus und Stall zeigen sich als gestalterische Einheit.

Der Aufwand hat sich gelohnt. Das historische Haus ist zu einer wohnlichen Einheit geworden, die den Geist der Vergangenheit atmet und gleichzeitig auf Höhe der Zeit ist.

RECHTE SEITE Ansicht von der Talseite nach der Sanierung

OBEN Ansicht nach Fertigstellung mit der dem Ess- und Kochbereich zugeordneten Terrasse

UNTEN Der Hof mit dem Nebengebäude, in dem sich Garage und Atelier befinden

OBEN Essbereich zwischen Blockbohlenwänden und modernen Küchenfronten

LINKS Kochen und Essen spielen sich dank der neuen Panoramafenster in lichter Atmosphäre ab.

UNTEN Durchblick von der Stube zum Essplatz

OBEN Durch den Umbau entstand eine lange Sichtachse vom Eingang bis zum Essbereich, in der der neue kubische weiße Cheminée liegt.

UNTEN Schlafzimmer im Obergeschoss

OBEN UND LINKS
Im Obergeschoss wirken alte und neue Holzteile harmonisch zusammen.

vorher

Obergeschoss

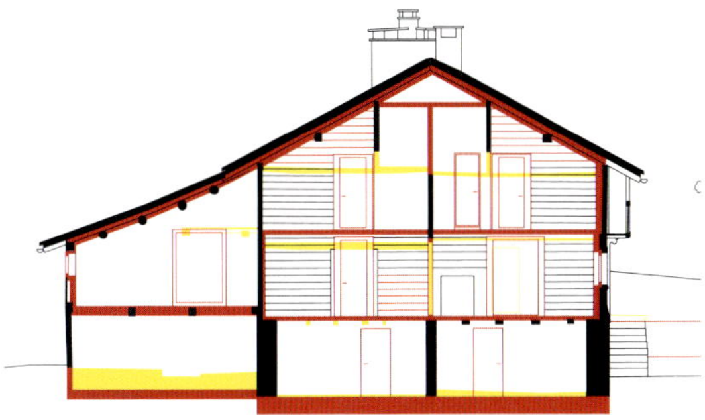

Schnitt

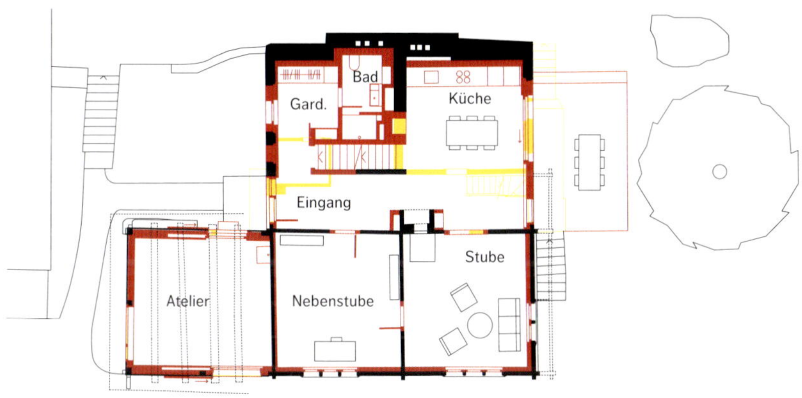

Erdgeschoss

Bestand
Abbruch
Neu

0 1 5

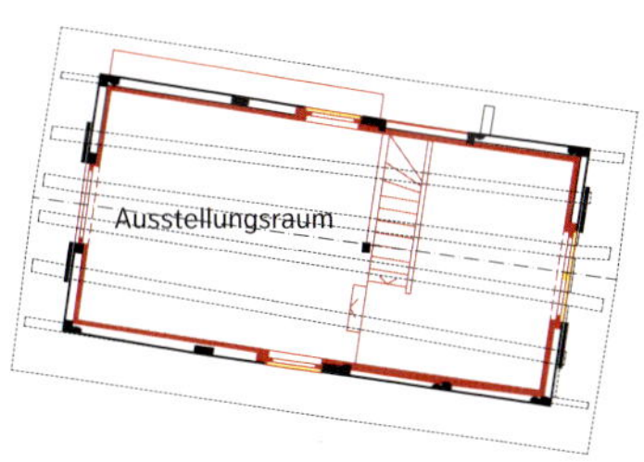

BAUDATEN

Standort Vals, Graubünden, Schweiz

Ursprüngliche Erbauungszeit 1838

Fertigstellung Sanierung und Umbau 2025

Grundstücksgröße ca. 791 m²

Wohn- und Nutzfläche (ohne ungeheizten Keller/ Werkstatt) vor Sanierung ca. 197 m², nach Sanierung ca. 263 m²

Endenergiebedarf nach Sanierung 60 kWh/m²a

Gesamtkosten keine Angaben

Haus der Blicke

SANIERUNGS- UND UMBAUPLANUNG
Veinte Diezz Arquitectos, Mérida

Die Bauaufgabe für die Architekten José Luis Irizzont Manzanero und Asiria Uribia Peniche war ebenso reizvoll wie herausfordernd: Ein älteres, verlassenes Gebäude auf einem außergewöhnlich geschnittenen Grundstück mitten im mexikanischen Mérida wartete auf seine Wiederbelebung. Förmlich eingezwängt zwischen den unmittelbar angrenzenden Nachbargebäuden, wirkt die Fassade des zur Straßenseite hin nur eingeschossigen Hauses sehr unscheinbar. Nach dem Eintreten eröffnet sich jedoch eine erstaunliche Welt von aufeinanderfolgenden Gebäuden und Höfen mit jeweils eigenem Charakter.

Spannende Raumabfolge

Die bebaute Parzelle hat eine schlauchartige Form mit einer Länge von über 30 Metern und einer Breite von nur etwa 5 Metern. Die Planenden strukturierten das Anwesen so, dass Sichtachsen und Blickbeziehungen dank der Kubaturen und Materialien ein erlebnisreiches Ganzes schaffen. Freiräume und Gebäude wechseln sich ab, es entsteht ein genau geplanter, aber natürlich wirkender Rhythmus. Ein dem Eingangsbereich zugeordneter Garten bildet den Auftakt, gefolgt von der im Bestandsgebäude untergebrachten Küche. Von dort betritt man den zentralen Patio, an den sich wiederum der neu errichtete Trakt mit dem Wohnraum und dem darüber angeordneten Gästezimmer anschließt. Und schließlich vermittelt ein dritter Innenhof mit Pool zwischen dem Wohnraum und dem neu gebauten Schlafzimmer. Diese Anordnung sorgt nicht zuletzt für großzügigen Tageslichteinfall und für eine effiziente natürliche Belüftung.

Sichtachsen und Ausblicke

Die zentrale Sichtachse betont nicht die Länge, sondern fügt die Einzelteile zu einem Ganzen zusammen. In den Außenbereichen orientieren sich die Blicke zum Himmel. Auch die Fassadenöffnungen und Dachfenster sind bewusst im Hinblick auf die Inszenierung der Ausblicke gesetzt. Ein wirkungsvoller gestalterischer Kunstgriff sind die abgerundeten Außenwände der neuen Baukörper, die mit dem lang gestreckten Grundstück kontrastieren. Sie schaffen ein angenehmes Ambiente, ebenso die natürliche Gestaltung mit sorgsam platzierten bzw. erhaltenen Gehölzen. Natürlichkeit vermittelt auch das harmonische Zusammenwirken von Naturstein und Beton.

Diese außergewöhnliche und höchst kreative Umbaulösung schafft auf einer schwierigen Parzelle im Wechselspiel zwischen Innen- und Außenraum ein großartiges Wohnerlebnis.

OBEN Altbauteil mit Durchblick zum Eingang und neuer mintgrüner Außentreppe

RECHTE SEITE Straßenansicht mit dem Hauseingang

464-A

LINKS Neuer Bauteil mit Wohn- und Essbereich

RECHTE SEITE Blick über den Pool zum Wohn- und Essbereich, über dem eine neu entstandene Terrasse liegt

LINKS UND UNTEN Durch das gekonnte Spiel mit Bäumen, Wasser, gekiesten Flächen und gerundeten Formen entstehen angenehm intime Situationen im Schutz der Natursteinmauer.

RECHTE SEITE Koch- und Barbereich im Altbau, über den Hof liegt der Essbereich.

OBEN UND RECHTE SEITE Schlafzimmer im Erdgeschoss des Neubaus ganz am Ende des Grundstücks. Große, filigran gesprosste Verglasungen schenken natürliches Licht.

LINKS Schlafzimmer im Obergeschoss mit vorgelagerter Terrasse

BAUDATEN

Standort Mérida, Yucatán, Mexiko

Fertigstellung Sanierung und Umbau 2014

Grundstücksgröße ca. 170 m²

Wohnfläche ca. 155 m²

Gesamtkosten keine Angaben

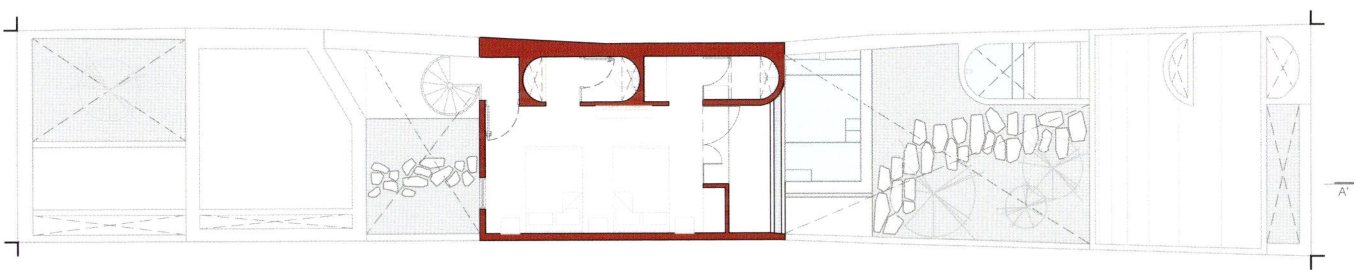

Obergeschoss

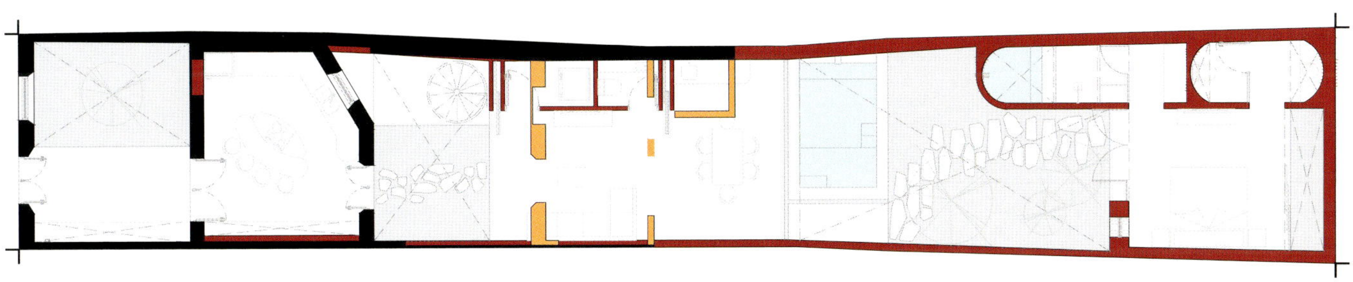

Erdgeschoss

Bestand

Abbruch

Neu

Bauatelier Metzler
Architekt Thomas Metzler
Rheinstraße 10
8500 Frauenfeld
Schweiz
Telefon: +41-52-740 08 81
www.bauatelier-metzler.ch

design-werk
Architekt Marc Rupf
Hinterautalstraße 525
6108 Scharnitz
Österreich
Telefon: +43-670-208 68 61
www.design-werk.at

Neil Dusheiko Architects
Canonbury Yard
202–208 New North Road
Islington
London N1 7BJ
Großbritannien
Telefon: +44-2073 548 106
www.neildusheiko.com

Engelbrecht Architekten
Mollnöd 1
84371 Triftern
Telefon: 0151-16 51 94 95
www.engelbrecht-architekten.de

architekten filutowski schmuck PartG mbB
Bahnhofstraße 18 1/2
86150 Augsburg
Telefon: 0821-44 42 74 41
www.filutowskischmuck.de

Studio Bruno Franchi
Badstraße 11
81379 München
Telefon: 089-78 06 78 38
www.brunofranchi.net

Sophie Frank Freie Architektin
Paulusstraße 8
70197 Stuttgart
Telefon: 0711-65 86 81 75
www.sophiefrank.de

Michael Hemmi Architekten
Hohlweg 1
7203 Trimmis
Schweiz
Telefon: +41-81-284 83 84
www.michaelhemmi.ch

Theis Janssen Architekt BDA
Industriestraße 20
28199 Bremen
Telefon: 0421-89 84 43 00
www.theisjanssen.de

Klainguti + Rainalter SA architects ETH/SIA
Stradun 116
7524 Zuoz
Schweiz
Telefon: +41-81-851 21 31
www.klainguti-rainalter.ch

Küssdenfrosch Häuserwachküss-gesellschaft mbH
Platanenstraße 27
40223 Düsseldorf
Telefon: 0211-93 89 73 48
www.kuessdenfrosch.haus

mm architekten
Martin A. Müller Architekt BDA
Bödekerstraße 49
30161 Hannover
Telefon: 0511-16 93 38 60
www.mm-architekten.de

The New Komma Architecture
Klotzner Hanifle Innerhofer
Pichlerstraße 6
39017 Schenna
Italien
Telefon: +39-0473-71 12 50
www.newkomma.com

OUSIA Architekten
Architekt Christian Grayer
Am Steinberg 14
01326 Dresden
Telefon: 0351-26 66 60 86
www.ousia-architekten.de

Piertzovanis Toews
Hirzbodenweg 30
4052 Basel
Schweiz
Telefon: +41-61-511 44 40
www.ptarch.ch

sein.architektur Jensen Jagodić Architektinnen PartGmbB
Lindenstraße 27
23558 Lübeck
Telefon: 0179-591 63 81
www.seinarchitektur.com

Spooren Architekten und Partner mbB
Grüne Straße 8
33330 Gütersloh
Telefon: 05241-70 90 90
www.spooren-architekten.de

Tuckey Design Studio
58 Milson Road
London W14 OLB
Großbritannien
Telefon +44-20-89 60 19 09
und
Gotthardstraße 44
6490 Andermatt
Schweiz
Telefon: +41-41-887 14 06
www.tuckeydesign.com

Veinte Diezz Arquitectos
Av. Campestre 177
97127 Mérida
Mexiko
Telefon: +52-999-109 38 53
www.veintediezz.com

Sven Wiebe Architekten
Friedenstraße 25
81671 München
Telefon: 0176-61 53 37 43
www.svenwiebe.de

LITERATURHINWEISE

Brändle, Evemarie und Franz Xaver Wittmann, *Sanierung alter Häuser*, 4. Auflage, München 1996

Bühler, Devi und Wilfriede Renate Schamoni (Hg.), *Energieeffizientes Bauen und Sanieren. Nachhaltig und ganzheitlich*, Kissing 2022

Drexel, Thomas, *Nachhaltige Häuser. Energieeffizient, ökologisch, zukunftsfähig*, München 2024

Drexel, Thomas, *Alte Bauernhäuser. Renovieren und umbauen*, München 2022

Drexel, Thomas, *Top 50 Umbauten. Sanieren Modernisieren Erweitern*, München 2021

Friedrichsen, Stefanie, *Nachhaltiges Planen, Bauen und Wohnen. Kriterien für Neubau und Bauen im Bestand*, Berlin 2024

Graefe, Robert, *Altbausanierung. Ratgeber für die Praxis*, 2. Auflage, Köln 2020

Kaiser, Christian, *Ökologische Altbausanierung. Gesundes und nachhaltiges Bauen und Sanieren*, Berlin/Offenbach 2020

KOSTEN

Die bei den Projekten genannten Kosten verstehen sich als Gesamtkosten brutto, inklusive Nebenkosten und Steuern. Die Angaben beziehen sich selbstverständlich auf den konkreten Einzelfall und den genannten Bauzeitraum. Nicht enthalten sind Grundstückskosten und Gartenanlagen. Wenn Kosten nicht genannt sind, erfolgt dies zur Wahrung der Privatsphäre der Bauherren und sagt nichts darüber aus, wie hoch die Kosten waren. Für weitergehende fachliche Informationen ist eine direkte Kontaktaufnahme mit den jeweiligen Architekt:innen/Planer:innen zu empfehlen.

DER AUTOR

Thomas Drexel ist einer der beliebtesten Architekturautoren und -fotografen im deutschsprachigen Raum. Es gelingt ihm immer wieder, die Objekte seines Interesses von ihrer schönsten und überraschendsten Seite zu zeigen.

Der Autor steht für Leseranfragen gerne zur Verfügung:

Thomas Drexel
Autor und Architekturfotograf
Beratung Bauen und Wohnen
Vermittlung außergewöhnlicher Wohnhäuser
Am Fladerlach 7
86316 Friedberg
Telefon: 017656554494
thomasdrexel@gmx.de

DANK

Der besondere Dank des Autors gilt den Eigentümer:innen und Bewohner:innen der im Buch vorgestellten Häuser – sowohl für ihre Bereitschaft zur Mitarbeit als auch in vielen Fällen für ihre ganz praktische Gastfreundschaft – sowie selbstverständlich auch den Architekt:innen und Planer:innen. Für die wie gewohnt ausgesprochen souveräne Projektleitung und allzeit sehr vertrauensvolle Zusammenarbeit war Sabine Schmid verantwortlich. Das ausgezeichnete Layout erstellte Katrin Kleinschrot, mit viel Augenmaß die Texte bearbeitet hat Sandra Leitte. Für die Herstellung verantwortlich war Martina Effaga. Weiterhin sei all denen gedankt, die hier vielleicht vergessen wurden.

BILDNACHWEIS

Bauherren: S. 82, 131 beide, 181
Blade-Made/Superuse: S. 9 beide
Edward Bishop: S. 69, 71 oben, 73 oben, 73 unten rechts, 74 oben links, Einbandrückseite oben rechts
Michel Bonvin: S. 146–153
Simone Bossi: S. 83–88
Marcus Bredt: Einbandvorderseite
James Brittain: S. 133–138
Lucas Clemens: S. 90–94 oben, Einbandrückseite unten rechts
Roland Dierenberger: S. 109 oben
Thomas Drexel: S. 6, 7 oben alle, 8, 11, 12, 13 beide, 14–19, 21–25, 27–32, 34–38, 41–47, 57–60, 65–67 oben, 77–81, 96–101 oben, 102–106, 109 unten–114, 122–124, 154–158, 160–164
Neil Dusheiko: S. 74 oben rechts
Engelbrecht Architekten: S. 33
Wolfgang Flamisch: S. 48–55
Sophie Frank: S. 101 unten, 121
Christian Grayer: S. 141–144
Jan Keller/Bauatelier Metzler: S. 126–130
Frank Kleinbach: S. 116–120
The New Komma: S. 94 unten, 95 unten beide
OUSIA Architekten: S. 145 alle
Richard Oxford: S. 72 oben, 73 unten links
Piertzovanis Toews: S. 89
Manolo R. Solis: S. 182–189, Einbandrückseite links
Jim Stephenson: S. 68, 70, 71 unten, 72 unten, 73 unten beide, 74 oben links, 74 unten, 167–172
Sven Stoppani: S. 2, 174–180
Sven Wiebe: S. 63, 64, 67 unten

Alle Pläne stammen von den jeweiligen Architekt:innen/Planer:innen.

Weitere Titel von Thomas Drexel

Grüne Häuser
Modern und natürlich
ISBN 978-3-7913-9364-3

Kleine Häuser unter 120 m²
ISBN 978-3-7913-8998-1

Nachhaltige Häuser
Energieeffizient, ökologisch, zukunftsfähig
ISBN 978-3-7913-8999-8

Alte Bauernhäuser
Renovieren und umbauen
ISBN 978-3-7913-8772-7

Impressum

© Prestel Verlag, München · London · New York, 2026,
in der Penguin Random House Verlagsgruppe GmbH
Neumarkter Straße 28, 81673 München
produktsicherheit@penguinrandomhouse.de
(Vorstehende Angaben sind zugleich Pflichtinformationen nach GPSR)

Der Verlag behalt sich die Verwertung des urheberrechtlich geschützten Inhalts dieses Werkes für Zwecke des Text- und Dataminings nach § 44b UrhG ausdrücklich vor. Jegliche unbefugte Nutzung ist hiermit ausgeschlossen.

Projektleitung Verlag: Sabine Schmid
Lektorat: Sandra Leitte, Valley City (USA)
Gestaltung und Layout: Katrin Kleinschrot, Stuttgart
Herstellung: Martina Effaga
Lithografie: Schnieber Graphik, München
Druck und Bindung: Mohn Media Mohndruck GmbH, Gütersloh
Printed in Germany

ISBN 978-3-7913-9363-6

www.prestel.de